美しい物理の小宇宙

29歳の東大理学博士が語る、
日常の世界から原子核まで29の物語

小澤直也

二見書房

はじめに

いまこの本を手に取って読んでくださっているそこのあなた。
物理はお好きですか？

本書のタイトルに惹かれた方は、多少なりとも興味はおありでしょう。
カバーデザインに惹かれた方は、半々くらいかもしれません。
誰かに薦められて恐る恐る本書を開いた方は、十中八九、物理がお嫌いなことと察します。昔から相場はそうと決まっています。

私は大学院の物理学専攻で加速器を用いた実験的研究を行い、現在もとある研究室で物理の研究を続けています。
本書は、身近にある物理の話題と、私の専門である加速器研究の一端をなるべく「物理っぽくないテーマ」でカモフラージュし、皆さんを物理に染め上げるために書かれたものです。

特に全体のテーマもなければ、読むのに適切な順番もありません。
ほとんど音楽や文学の話で完結しているものもあれば、世の中にある本をすべて読もうとすると何年かかるのかを検証するべく、微分方程式を解くものもあります。

皆さんのお好みのつまみ食いで、少しでも物理への親近感を抱いていただけたら幸いです。

なお、タイトルだけを見ると、いかにも筆者が「この世の真理」の一片を知っているかのように錯覚してしまうかもしれません。
しかし、一度立ち止まって、「ひょっとして、この人はいまデタラメを言っているのではないか」と構えて読んでみてください。
そのような懐疑的姿勢で臨むところから、学問は始まります。

目　次

加速器は現代の錬金術

価値の低い物質を価値の高い物質に変える錬金術は、古代より科学者たちの興味の的になってきました。

まだ原子も発見されていなかったルネサンス時代でも、あらゆる物質は統一的な起源に帰着させられると考え、原理的に卑金属を貴金属に変えることができると思われていました。

水銀から金を作る？

現在の科学では、卑金属を簡単かつ効率的に貴金属に変える方法は知られていません。

たとえば自然界に存在する水銀のうち、0.2％程度は^{196}Hgという同位体※です。

この同位体は中性子を吸収すると^{197}Hgに変わり、原子核が電子を捕まえて原子核内の陽子が中性子に変わる反応（電子捕獲）により、^{197}Auすなわち天然の金になります。

大量の水銀を原子力発電所に投入するとこの反応を起こせるかもしれませんが、作られる金の量はたかが知れており、大金持ちになるまでには道のりが長いでしょう。

※原子番号が同じだが中性子の数が異なる原子を互いに同位体と呼ぶ。

希少な元素の作られ方

そもそも、なぜ貴金属は希少価値が高いのでしょうか。

これには、工業上の理由と、元素の性質上の理由の２つが挙げられます。

まず、貴金属は工業的な価値が高いため、存在量に対して需要が高いことが特徴です。金は金属の中でももっとも化学反応しにくいものの一つであり、加工もしやすく光沢も美しいため、電子機器の部品に使えば劣化しない素材であり、装飾品としての需要も高いのです。

銀や白金なども同様に、工業品や装飾品としての需要が高いため、価値あるものとされています。

近年では貴金属だけでなく、「レアメタル」や「レアアース」に分類される希少な金属も、同様に価値が高まっています。

これらの元素は鉱山をはじめとする地殻中から採掘されることが多いですが、より身近な金属である鉄やアルミニウムと比べて、存在量がそもそも少ないことが知られています。

これは、その原子核の性質に基づいて考えると自然なことでしょう。

水素以外の原子核は、陽子と中性子がそれぞれ引き寄せあって（束縛しあって）存在していますが、そのようにして作られている原子核の質量は単純に陽子と中性子の質量の和ではなく、陽子や中性子をつなぎとめているエネルギーのぶんだけ、すこし軽くなっています。これを「束縛エネルギー」と呼びます。

安定核（崩壊しない原子核のことを安定核という）の束縛エネルギーは、鉄やニッケルがもっとも大きいことが知られています。

仮に原子核の陽子や中性子を自由に摘まみだしたり付け加えたりすることができるとすると、鉄より軽い原子核は陽子や中性子を付け加えたほうがより安定し、逆に鉄より重い原子核は陽子や中性子を取り去ったほうがより安定することになります。

この原理を利用することで、水素の核融合やウラン・プルトニウムの核分裂でエネルギーを生み出すことができるわけです。

元素合成は宇宙の歴史そのもの

「鉄がもっとも安定」しているということが、宇宙における元素合成の理論において重要な鍵を握ります。

つまり、鉄より軽い元素と、鉄より重い元素は、根本的に作られ方が異なっているということをあらわします。

138億年前に起こったビッグバンのあと、クォークやグルーオンの有象無象が強い相互作用で結合して（束縛して）陽子や中性子になると、まず水素の原子核ができあがりました。

この水素原子核が互いに重力により引き合い、長い時間をかけて星を形成するのです。そして水素が集まれば集まるほど重力は強くなり、中心での密度が高まっていきます。

本来、水素原子核はプラスの電気を帯びているため互いに反発しあっていますが、この密度に負けて接近すると、先ほどの「束縛エネルギー」を放出してヘリウムへと核融合します（ちなみに、水素とヘリウムだけで宇宙は約３億年を過ごすことになります）。

似たような理屈で、どんどん核融合が連なっていき、ついには鉄までが恒星内で合成されました。

鉄が作られたあとの星

鉄より重い元素は、単純に軽い原子核同士が接近しても、「束縛エネルギー」の差のぶんだけ充分なエネルギーを追加しなければくっついてくれません。このような環境が得られるのは、「死にかけの星」あるいは「死ぬ瞬間の星」の2通りです。

鉄がたくさん作られたあとの成熟した星では、中性子が陽子に変わるベータ崩壊によって、原子番号が一つ大きな

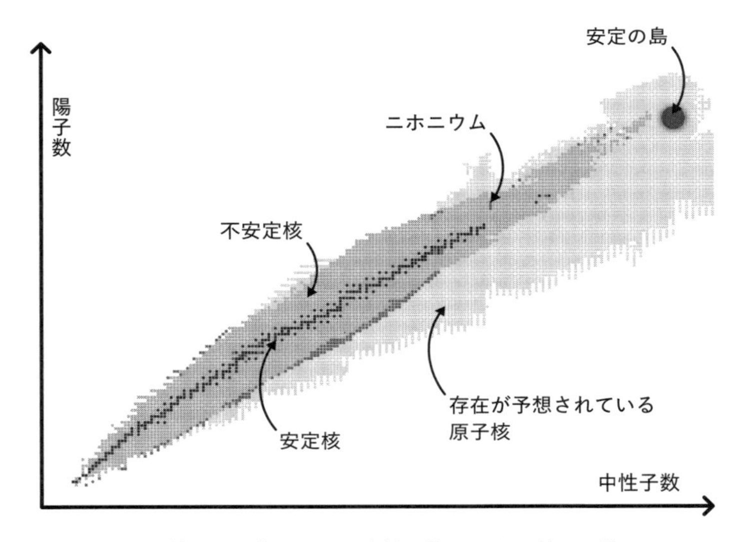

原子核を陽子数（縦軸）と中性子数（縦軸）で並べて描く核図表の中の一部。点は日本で発見され命名された113番元素、ニホニウム。その横には不安定核だらけの中に少しだけ周りに比べて寿命が長い元素があるとされ、「安定の島」と呼ばれている（未発見）。

元素に変わる＝より重い元素が増えていく、というプロセスが、長い時間をかけて行われていきました。

より重い元素が増えていくと、そのぶん重力が増し、星が自分自身でいわばおしくらまんじゅうをして自分自身の重みに耐えきれなくなっていきます。

そして星が自分の重力に耐えきれなくなり崩壊するとき（超新星爆発）、原子核と中性子が衝突する頻度が増え、ウランをふくむ非常に重い元素までがなだれのように一気に作られると考えられています。

地球上の元素は、このような「星屑」たちが起源となっています。そのため、鉄よりも重い元素が少ないのは、自然なことなのです。

現代の錬金術

先ほど、「自由に陽子や中性子を摘まみだしたり付け加えたりする」ことを考えましたが、現代ではこれはまったくの絵空事ではありません。

充分なエネルギーで粒子同士をぶつければ、ある確率でそれらがくっついたり、一方を破砕したりすることができるからです。

重イオンを主な研究対象とする加速器施設では、まさにこのように原子核同士の反応を直接起こす研究を行っています（一例がp.033図にも登場するニホニウム）。これは、まさしく手動で新しい原子核を作る、「現代の錬金術」と言えるのかもしれません。

加速器を使う理由

しかし、加速器である元素から別の元素を作り出すのは、決して大金持ちになるためではありません。むしろ多くの場合は、ばく大な電気代と材料費を投じて、そもそも天然に長く存在できないようなものを微量だけ作るケースが多いです。

たとえば原子核の構造と反応を研究する理化学研究所（理研）RIビームファクトリーでは、未知の元素や同位体を作り質量を精密に測る研究、放射性廃棄物を安定元素に変換するための研究、元素合成における核融合反応を再現するための研究などが行われており、いずれも限られた寿命を持つ不安定核が関わっています。

理研の加速器は最大で6.5MWh（メガワットアワー）の電力を消費します。24時間運転し続ければ156MWhの消費電力となります。

一般家庭の1日当たりの消費電力が10kWh程度とすれば、これは1万5600世帯ぶんに相当する電力量。仮に加速器で貴金属やレアメタルの類を作ったとしても、電気代の初期投資が圧倒的に大きく、あまり魅力的な錬金術とは言えないでしょう。

かつてニュートンも取り組んだ錬金術は、今ではうさんくさい話でしかありませんが、既知の原子核から誰も見たことがない原子核を作り出す新しい錬金術は現代も日夜行われています。

物理と京都
（琵琶湖疏水のはなし）

「琵琶湖の水、止めたろか！」という琵琶湖ジョークで知られる通り、琵琶湖は京都に住む人々にとって重要な水源と言われています。

ところが、地図を見てみるとわかりますが、京都盆地と琵琶湖の間は比叡山をふくむ高い山々（東山連峰）で隔てられており、自然に川が流れ込むような地形にはなっていません。

仮に東山連峰の南端である稲荷山や山科方面から迂回したとしても、鴨川が北から南に向かって流れることからわかるとおり、地形的に水流が自然と北上することはありません。

このジレンマを解消して、なんとか水を引き込むために古の京都の人々が知恵を絞って出した工夫が、山科を迂回し京都市内へと至る「琵琶湖疏水」です。

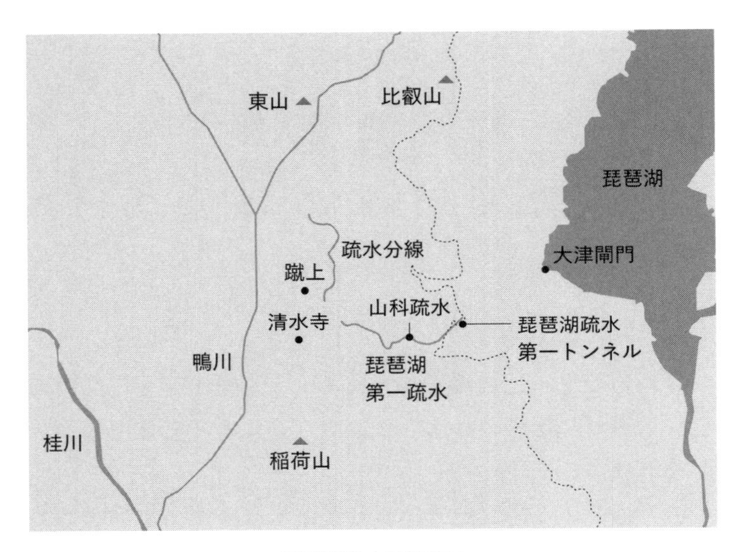

琵琶湖疏水周辺地図

琵琶湖疏水はどこを流れている？

琵琶湖疏水は、第一疏水・疏水分線・第二疏水より構成されています。その中で、実際に水が北上して流れているのは疏水分線です。

いずれも大津から山科を経由し蹴上（けあげ）へ至ったあと、第一疏水はそのまま東へ進み鴨川へ合流、分線はそこから白川通りに添うように北上して、洛北の松ヶ崎へ至ります。第二疏水はほぼ第一疏水に並行するように大津から蹴上に至り、第一疏水に合流します。

蹴上には水力発電所も作られ、水源としてだけではなく電力源としても活用されていたことがわかります。

疏水の建設プロジェクト

明治維新からほどなくして京都府の一大プロジェクトとして始まった疏水の建設は、工部大学校※で最新の技術を学び、大学を卒業したばかりで当時21歳の若さであった田邉朔郎（たなべさくろう）氏に任されます。彼はトンネルをふくむ長大な経路を設計し、その工事を指揮しました。

※現在の東京大学工学部の前身の中の一つ。

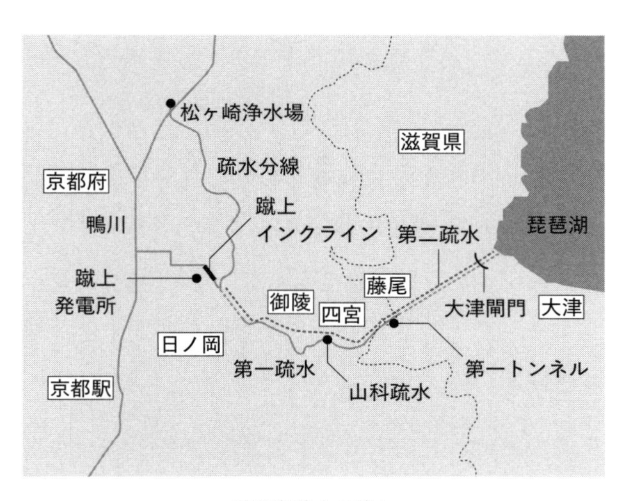

琵琶湖疏水の流れ

滋賀県大津市から京都府京都市まで、琵琶湖の湖水を流している

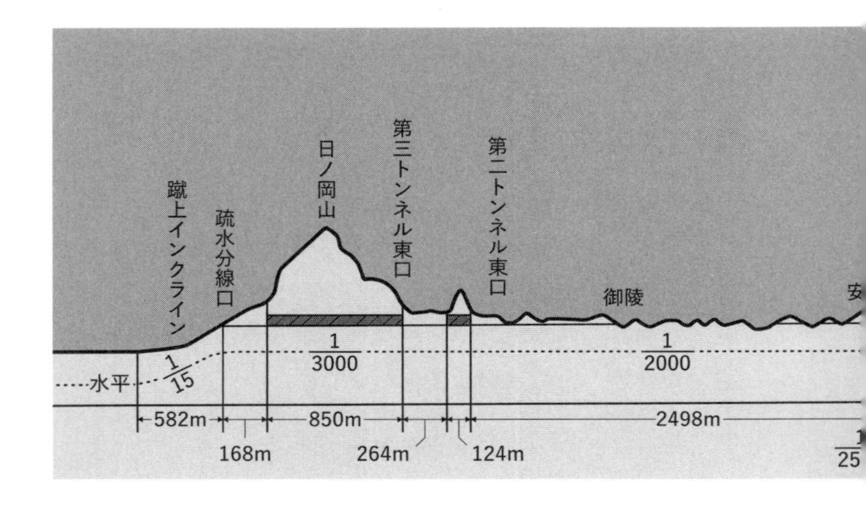

第１疏水の縦断面図。1/2000や1/3000の微妙な傾斜を人

1882（明治15）年に測量が開始され、1890（明治23）年に琵琶湖取水口から鴨川の合流地点までの約10㎞が完成しました。

緩やかな傾斜

この疏水事業においてとりわけ注目すべきは、各区間で決められている緩やかな傾斜です。

たしかに机上では、大域的に緩やかな下り傾斜をつけていれば水はその向きに流れていきます。

数学的な目線でとらえてみましょう。

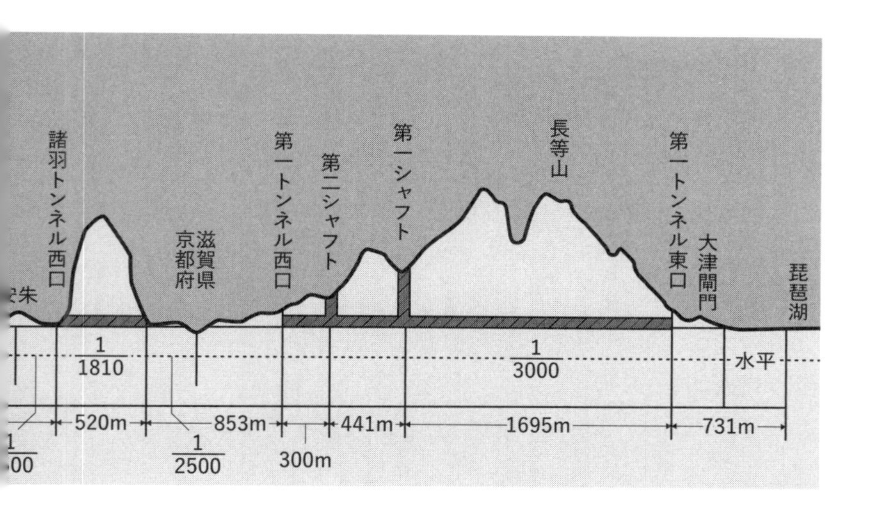

工的に作って、水が北上して流れていくようにしている

第一疏水のルートである琵琶湖と蹴上までの水位差は約3.4ｍ、約８㎞の距離を約1/2000の緩やかな勾配で水が流れています。これはじつは緻密に計算されつくした流れと言えます。

公園の砂場や海辺での砂遊びを思い出してみてください。たとえば1/3000の傾斜であれば、３ｍの砂場で最初と最後高低差１㎜だけつけるのと同じことです。

緩やかで滑らかな傾斜をつけることは、じつはかなり難しいことなのです。しかも、当時は現代のような精巧な測量機械のない時代と考えれば、高低差3.4mというのは、脅威の数字ではないでしょうか。

三角測量

1/2000や1/3000のような微妙な傾斜を間違えずにつけるためには、もともとの地形を高精度で知っておく必要があります。

その基になったのが、測量技師・島田道生(しまだどうせい)による疏水流域の測量です。

彼ははじめに、京都から大津までの地形を三角測量と呼ばれる方法で、精密に調査をします。

三角測量とは、三角形の一辺と、その辺の両端の内角のそれぞれがわかれば、ある点の位置を求めることができるという原理に基づいた測量方法で、その後疏水が流れるトンネルの中心線を決めるための詳細な測量が行われ、実測図が作成されました。

当時は地形図なども存在せず、すべての測量をまったくの0の状態からはじめなければなりませんでした。

当時日本最長だった長等山の下を貫通する半里(約2㎞)もの隧道(すいどう)※の測量など、非常に大変な測量作業を3年以上かけて行ったあと、1885(明治18)年にようやく着工します。

しかし、琵琶湖疏水の建設は前代未聞の超大型プロジェクトであり、測量のあとも資金難や当時最先端の技術力の確保などの点から困難を極めます。

ようやく最初のトンネルが開通したのは1887(明治20)年

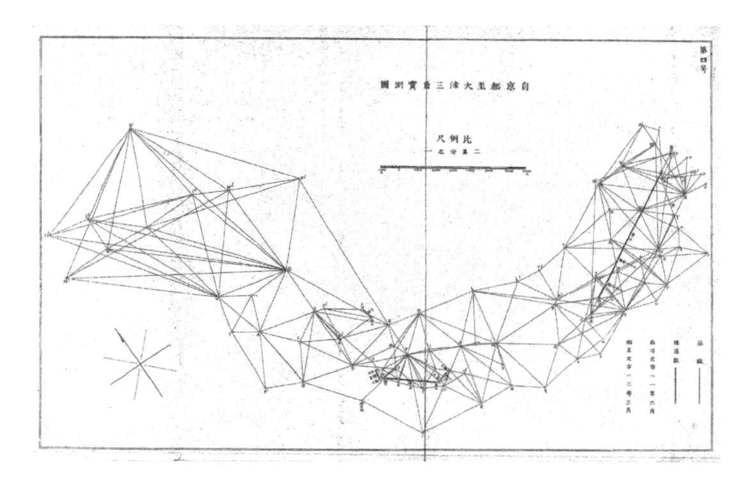

「自京都至大津三角実測図」（『琵琶湖疏水工事図譜』1894年／田邉朔郎より）島田道生による三角測量の結果が記されている図

のこと。約5年もの歳月をかけ、1890（明治23）年に第一疏水が完成しました。

地味で泥臭い測量作業の積み重ねによって、疏水という人工的な水の流れをデザインし、国家プロジェクトに匹敵する超絶技巧的な難工事が実現していることを実感できるのが、琵琶湖疏水の面白さです。

※隧道は古くから存在するものを、トンネルは戦後以降に作られたものを指すことが多い。呼び方に違いはあるが、同じ意味である。

ピアノが上手な人は、なぜ上手なのか。物理的に考えると？

「子供にやらせたい習い事」としていつも上位に挙げられるのがピアノです。そのためか、世間には数多(あまた)のピアノ教室があり、ただ楽しく弾くことを目的としたものから、プロを目指してスパルタ教育をするものまでさまざまです。ですが、そもそもピアノが上手いというのはどういうことを意味するのでしょうか？

「ピアノが上手い」と言われる人たちはたくさんいますが、「どのように上手いか」は千差万別です。例として、ポーランド出身のショパン弾きとして有名なルービンシュタインと、ウクライナ出身で親交も深かったラフマニノフの演奏で知られているホロヴィッツ、20世紀を代表する巨匠ピアニスト2人の弾き方を比べてみると、まったく異なることがわかります。

　背筋がまっすぐ伸び、指はほぼ鍵盤(けんばん)に垂直に接するように丸められたルービンシュタインに対し、ピアノの先生には絶対に教わることのない、鍵盤におおいかぶさるような前傾姿勢で、指をピンとまっすぐ伸ばして弾いているホロヴィッツ。音色にも大きな違いが見られ、前者は非常に端正でバランスが良い印象を受けますが、後者は旋律(せんりつ)を際立たせる弾き方で、まるでテノール歌手が歌っているかのようです。

このように、いろいろな弾き方や表現方法がある中で、どのような要素を「上手さ」というのでしょうか。私の独断で、次の3項目にまとめてみました。

・空間的な正確性

まずは正しい音を出せることが大前提です。

そのためには、鍵盤上で狙った位置に百発百中で指を置けなければいけません。特に両手で素早く移動させなければならないような曲では、手元を見ることなく空間を正しく把握している必要があります。

・時間的な正確性

テンポやリズムを正確に演奏するためには、正しい動きを正しいタイミングでできなければなりません。モーツァルトの速いパッセージ（メロディとメロディをつなぐ経過的なフレーズ）では一音一音の粒がどれくらいそろっているかが演奏の質に直結します。それも、0.1秒レベルでの時間的正確性が必要です。

また、古典落語が（誰でも知っている話なのにもかかわらず）「間（ま）」の取り方で何割増しにも面白くなるのと同じく、楽節ごとの微妙なテンポの揺らぎや楽節と楽節を結ぶときの一瞬の「間」で音楽の魅力は大きく左右されます。

・強度的な正確性

ピアノという楽器の特性として、音の強弱を広範囲に調節できることが挙げられます。これは旋律の抑揚を決めることにもつながります。「牡蠣」と「柿」がイントネーションの違いで区別されるように、旋律の抑揚が違えばその旋律の持つ意味合いはまったく変わってしまいます。

正しい音を正しいタイミングで出しながら、一つひとつの音を正しい強度で出さなければ、「棒読み」のような演奏になってしまいます。

これらのテクニックをどのように習得し実践していくかについては、ピアノ教育の長い歴史で培われてきた知見があり、本にもまとまっています。

・『ピアノ奏法の基礎』
（ジョセフ・レヴィーン著／中村菊子訳・全音楽譜出版社・1981年）
・『ピアノ演奏技法』
（ジョージ・コチェヴィッキー著／黒川武訳・サミーミュージック・1985年）
・『ピアニストならだれでも知っておきたい「からだ」のこと』
（トーマス・マーク、ロバータ・ゲイリー、トム・マイルズ著／小野ひとみ、古谷晋一訳・春秋社・2006年）

これらの本やピアノ演奏家の間で知られる通説や実体験をもとに、3つの正確性を確保するための体の使い方について考えてみましょう。

物理法則に従い、体を正しく使うことができるというのはピアノを上達させるうえで大事なことだからです。

【空間的な正確性】
“muscle memory”

ピアノ練習について英語で調べると、“muscle memory”という表現によく出会います。直訳すれば「筋肉の記憶」ですが、もちろん筋肉そのものは記憶を持ちません。何度も同じフレーズを練習する中で、音楽そのものとは関係なく体をどう動かすかが文字通り身に付いてきて、意識しなくても自動的に正しい鍵盤を指が押さえられるようになるということです。

ピアノをある程度弾ける人のほとんどが、この感覚にピンとくるでしょう。緊張すると歩き方がぎこちなくなるのも、弾きなれたフレーズを途中から弾こうと思っても弾けないのも、この“muscle memory”に頼っているせいです。

ただ、“muscle memory”に頼りすぎると、体のすべての動作がルーチンワーク化してしまい、「いつどの音を出すか」を頭で理解しないまま演奏できるようになってしまうため、何か想定外のことがあると、とたんに演奏はボロボロになってしまいます。

一方で、純粋にすべての動作を意識しているようでは、複雑な曲を演奏する前に頭がパンクしてしまいます。ほかの正確性にも関連しますが、ある程度の動作はひとまとめの動作として無意識に実行できるようにしておかないと、実用上はスムーズな演奏が困難です。

どの範囲を意識的動作にして、どの範囲を無意識的動作にするか

そこで、「空間的な正確性」を得るために考えるべきことは、まず「どの範囲を意識的な動作にして、どの範囲を無意識的な動作にするか」の線引きをすることです。

分類のポイントとしては、その動作の普遍性の度合いを考えます。たとえば、次のようなパッセージを左手で弾くことを考えます。

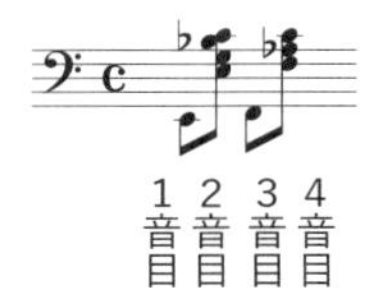

１音目と３音目は鍵盤の低音域、２音目と４音目は中音域と、場所が離れているため、手を瞬時に移動させる必要があります。しかも、後者は複数の音を同時に押さえる必要があるため、移動の最中に音の構成や手の配置を考えているひまはありません。

そこで、１音目と２音目を「１グループ目」、３音目と４音目を「２グループ目」と分類して、１音目を弾く時点で２音目の和音を押さえられるように手の形を準備しておけば、あとは移動に集中するだけでよくなります。２グループ目に関しても同様です。

そして、各グループの２音目は、おそらくこの曲で何度も出てくるであろう一般的な和音です。そこで、各和音が鍵盤上でどのような配列になっているかをあらかじめ記憶しておけば、手の形は瞬時に判断できます。

スケール（音階）やアルペジオ（音が順に上行する、または下行する音形）は、このような場面で調性と和音から手の形を瞬時に判断するために重要な訓練です。

無調の音楽が増えた現代では重要性は薄れてきているかもしれませんが、「無意識的な動作」を実現するために重要な考え方であることは間違いありません。

「けんけんぱ」のように理解する

前出の譜例で１音目から２音目、３音目から４音目への跳躍のような動作は、多くの人が苦労します。ですが、この動作は、「けんけんぱ」の遊びのように理解できます。

ある場所からある場所へジャンプして移動する動作は、「跳び上がる」動作と「着地する」動作の２つによって構成されており、着地点の正確な位置を決めているのはほとんど「跳び上がる」動作です。

つまり、「跳び上がる」動作に相当する１音目や３音目から指を離す動作の時点で、どれほど次の和音の位置に正確に目標を定められているかが、跳躍を成功させるための決め手です（ピアノ演奏が指だけの問題であると考えていると、この感覚がピンとこないかもしれませんが、肩から指先までの全体の動きによって演奏する考え方に基づくと、足における膝の役割を、手首や肘（ひじ）が担うことになり、「ジャンプする前に膝を縮めている段階」を意識することができるようになります）。

ここまでは、典型的な跳躍の技術を例に挙げて「空間的な正確性」を議論してきましたが、この考え方はあらゆるパッセージに応用できます。

モーツァルトのピアノソナタの１節を見てみましょう。

派手な跳躍はありませんが、細かく手の位置を移動しなければいけないパッセージで、まるで早口言葉のようです。このパッセージも、「（手の位置を移動しない、一連の）無意識的な動作」と、「（手の位置の移動を伴う）意識的な動作」に分類することで、一気に見通しが良くなります。

「（手の位置を移動しない、一連の）無意識的な動作」と、「（手の位置の移動を伴う）意識的な動作」に分類。枠の中は「無意識的な動作」

1～4の数字は右手の指番号で、枠は手の位置を動かさずに一連の動きにまとめられる部分です。

手の位置の移動という「意識的な動作」に集中するために、枠内は「無意識的な動作」として“muscle memory”に委ねることにしましょう。

ピアノ練習において指遣いが重要であるのは、このような理由からです。手や指のサイズや、筋肉のつき方は人それぞれなので、ただ一つの正しい指遣いというのは存在しませんが、自分に合わないやり方をしていると、本来は「無意識的な動作」にまとめられるところも、意識しないと弾けない難しいパッセージになってしまい、正確に弾くために余計な労力を必要とします。

以上のように「空間的な正確性」は、無意識な動きと意識的な動きをバランスよく配分することがまず第一歩です。

【時間的な正確性】

テンポやリズムを正確に演奏する、つまり「正確なリズムを刻む」ということなのですが、さらに「短期的なリズム」と「長期的なリズム」の２つに分類できます。
「短期的なリズム」は、たとえばスケールやアルペジオの練習のように、すべての音が時間的に均質になっている（俗にいう「粒がそろっている」）状態です。

これは「空間的な正確性」で挙げた「無意識的な動作」を構成するものなので、一音一音を意識してそろえることは困難です。

一方で「長期的なリズム」は、息の長いメロディやリズミカルな曲でのテンポの揺れ動きを指します。たとえば威勢のいい行進曲で、テンポが速くなったり遅くなったりの千鳥足では聞いていられないですし、逆にオペラのアリアをメトロノームに合わせて正確なテンポで刻んでいては、それはそれで聞くにたえません。

曲やフレーズには、それぞれ固有の「望ましい時間の進み方」があり、それをいかに実現できるかが、「時間的正確性」と言えそうです。

短期的な時間的正確性

まずは「短期的な時間的正確性」を取り上げましょう。

無意識な一連の動作のもっとも典型的な例は、次のようなパッセージです。

単純に、右手の親指から小指にかけて順番に鍵盤を押さえて離す動作をくり返すだけですが、難しいのは、一本一本指の構造が異なっている点です。

親指は手首との間に大きな関節がつながっているため、ほかの指に比べて大きな動きをするのに多くの労力を必要とします。人差し指と中指は比較的動かしやすいですが、親指や小指と比べて長いため、鍵盤上に置いたときに関節を曲げて縮こませなければ鍵盤の広い部分を押さえられません。

薬指や小指は日常的に細かく動かす機会が少ないため、相対的に動きが鈍いです。

このように５本の個性豊かな指を集めて統一的に動かすのは、じつはかなり無理のあることです。無理を可能にするためには各々の指が望み通りの動作をするように訓練するほかありません。

速い動作が必要な場合は、ある指を下ろしてから上げるまでの間に次の指の動作を開始する必要があります。体全体を連携させながら１本ずつの指が正しいタイミングで動かせるように、「通し稽古」を何度もくり返します。

長期的な時間的正確性

次に、「長期的な時間的正確性」についてです。

演者はフレーズの起承転結や動機（メロディを構成する最小単位）の切れ目を認識し、しかも話し言葉を参考に局所的なテンポの揺れを判断します。楽器のみで演奏する器楽曲では、呼吸も不要で歌詞がないため、テンポ・ルバート（自由な速さで）が許容されやすいですが、音楽本来のリズムを歪めるようなテンポの揺らぎは品がないものです。

特に、技術的に困難な箇所で技術のなさをごまかすかのようにテンポを遅くし、あたかも「情感を込めて弾いている」感を出すようなテンポの揺らぎは、聴衆の失笑を買うことでしょう。

【強度的な正確性】
音のスペクトルがどう変化していくか

聞き慣れない方言での会話を聞いたときに、単語は標準語といっしょなのに戸惑うことはないでしょうか。日本語は厳格に声調が定められているわけではないですが、イントネーションが重要であることは間違いありません。

音楽では、瞬間的な音の強弱が強調されがちですが、実際には音を出したあとの響き方もふくめた、より広義の「音の強弱」によってイントネーションが決まります。

楽器が発する音は単一周波数の正弦波※ではなく、さまざまな周波数をふくむため、時間とともに音のスペクトルがどう変化していくかが、音楽のイントネーションを作り出します。※いわゆる単純な波形の波

声楽や弦楽器など、直接発音部分（のどや弦）をコントロールできる場合はわかりやすいですが、ピアノでは鍵盤をどれくらいのスピードで下ろすかでしかコントロールできないため、「音の強弱」も、いわゆる「音色」も、限られた制御方法で工夫するしかありません。

既出の【空間的な正確性】と【時間的な正確性】は、何も考えずにひたすら体に染み込ませることで、ある程度習得できるものです。

一方で、「音の強弱」「音色」のようなものは、いかに楽器の物理的特性を心得ているかに大きく左右されます（ピアノ教室で、グランドピアノを購入するように勧められることがありますが、それは主にこの「強度的な正確性」に相当する部分を学習するためには、グランドピアノの構造に直接触れる必要があるためです）。そして、ただくり返し訓練するだけでは身に付かない要素だからです。

音の強度はさまざまな音のバランスで決まる

ピアノの鍵盤を押すと、ハンマーが弦を叩く音（楽音）の

ほかに、指が鍵盤にぶつかる音、鍵盤が底にぶつかるときの衝撃音、ダンパー（ピアノ本体の音を止める［弦の振動を止める］装置）が弦を離れる音などの雑音が加わります。

　また、鍵盤を押すスピードを遅くしていくと、どこかを境に音が出なくなります。すなわち、ハンマーを跳ね上げる勢いが弱すぎて弦まで届かず、ハンマーを跳ね上げる「カクッ」という雑音だけが聞こえるようになります。音の強度は、このようなさまざまな音のバランスで決まっているのです。

　指先を立てて、指の勢いだけで鍵盤を素早く叩くと、楽音やダンパーが離れる音は強くなり、一方で指は非力なので鍵盤が底につく頃にはスピードが落ちてしまい、鍵盤の雑音は弱くなります。

　逆に指先と指の腹の間を鍵盤に触れさせ、手首で鍵盤からの抗力を受けるようにしつつ、手全体の重さで鍵盤を押すと、鍵盤が加速度的に下がっていき、底につくタイミングで最高速度に到達します。前者は乾いた粒立ちのいい音、後者は豊かな響きの音に聞こえるでしょう。

「脱力」こそが「ピアノの上手さ」

　指主導の弾き方でも、指先だけで弾くことは良い音が出ないだけでなく、けがのもとになります。

　指先には筋肉がなく、指先を動かす際に使っている筋肉は、じつは前腕にあります。足がこわばっていればうまく歩けないのと同じように、手首や腕がこわばっていたら指先は当然上手に動きません。前腕から指先までが、まるで安定構造であるアーチ型の橋のように自然と自重を支えられるようになっていて、手首が指先からの衝撃を吸収するために必要な力以外の余計な筋力を使わない状態こそが、良い音を出すための理想的な体の状態です。そして、この「脱力」こそが「ピアノの上手さ」につながっていると同時に、もっとも習得が難しいものです。

この「脱力」の秘訣をぜひお伝えしたいところですが、一介のピアノ弾きである私には残念ながらよくわかりません。きっと、プロの演奏家にとっても追求し続けるテーマなのでしょう。

フランツ・リストが、初期は超絶技巧の開拓に明け暮れたものの、晩年には静かな宗教曲を作るようになったのと同様に、音楽は大道芸的側面ではなく一音一音の美しさを研ぎ澄ますことが本質であると強く感じています。

引き寄せの法則を数式であらわすと？

A　最近、ハマっている本があってね。

B　なになに？

A　この、「引き寄せの法則」についてのものなんだけど。

B　なんか昔アイドルが言っていたのを聞いたなぁ……どういうものだっけ？

A　要は、「自分の考えていることが、現実になる」ってことで、いいことをたくさん考えていると、本当にいいことが起こるんだ！

B　ふーん、まあつまり「ポジティブ思考」ってこと？

A　違う違う、「ポジティブ思考」はただ思ってるだけでしょ？　「引き寄せの法則」は、本当に現実世界に働きかけて、それが実現するんだ！
これは科学的にも証明されてるんだよ！

B　ほぉ……。

A　ポイントは、人間の思考も物理的実体があるってことなんだ[※1]。つまり、それは素粒子（そりゅうし）であらわせて、量子力学に従うってこと[※2]。この世の物事もすべて量子力学に従うから、人間の思考とこの世における出来事は相互作用するわけだ[※3]。人間が何かを想起すると、それは物事が確定しているわけだから、いわば「観測」という行為だと見なせる[※4]。

この世における出来事を観測すると、その状態は確定する。だから、良いことを思い浮かべると、それが実現するってわけだ。

B　まず、何を言っているかよくわからないんだけど……(Aに言葉をさえぎられる)[※5]。

A　もうちょっと記号的に考えよう。人間の思考を「測定器M」、この世の出来事を「状態S」と名付けると、この世の出来事として実現するものは、次のような状態になるはずだ。

$$|M\rangle = M|S\rangle$$

これはSという状態にMという作用をほどこすと新しいMという状態になるという意味だ。

もっと具体的なほうがいいかな。たとえば状態$|S\rangle$はある人の財力をあらわすもので、演算子Mはその人が欲しいと願う財力だとしよう[※6]。

B　Mは結局、その人の頭の中で思っていることだから、実現する状態$|M\rangle$だって頭の中なんだよね？　というか、思考が現実に作用しているという描像がまずよくわからないんだけど……(再びAが遮って)。

A　そこが重要なところなんだ！　思考が現実に作用するこ

とで、いわゆる「引き寄せ」が引き起こされるんだ[※7]！

B だから、その仕組みがどうなってるかがわからないんだってば。
これだけだと、「夢と現実が区別できてない人」と一緒だよ。

A それは別だよ！　夢はあくまでも脳内だけの世界で、引き寄せは現実につながっているんだ[※8]。

B それはそうかもしれないけど……じゃあ、こうしよう。たとえば、こうとらえることも可能だよね？　つまり、人間の脳はだまされやすいので、良い未来を脳内で思い浮かべると、そのシナリオに沿った出来事を重点的に意識するようになる。そしてそのシナリオが現実にも起こったとき、「ああ、やっぱり思った通りだ」と納得し、余計に想像と現実のつながりに納得してしまう。そういう経験を重ねていくと、あたかも「思い浮かべた良いことが実現する」という架空の因果関係を学習してしまうんじゃないか？[※9]

A なんてことをいうんだ！　もう君とは話が通じない！

※１　誤解なきように明言しておきますが、人物Aの発言には事実（少なくとも科学的に実証されている事柄）と異なる内容がふくまれます。科学とは関係ありませんが、ウラジーミル・ナボコフの小説『青白い炎』でも、一人称話者が虚偽の話をし続け読者を惑わせるという、巧妙な手法が使われています。

※２　これは必ずしも完全に間違いとは言い切れません。実際、人間の思考は脳内の神経の電気的な活動によって生まれていると考えられており、その根源をたどれば素粒子同士の相互作用にたどり着きます。

※３　これはちょっと理解に苦しむ発言です。「人間の思考」や「この世における出来事」は物質還元(ぶっしつかんげん)的には素粒子に帰着するというだけで、素粒子そのものではないので、素粒子同士の議論がそのまま適用できるわけではありません。

※４　これは、量子力学の公理の一つである「測定」という行為についての知識を援用しています。古典力学の枠組みでは、観測可能量（物の位置や速度など、単位を持って測定できるもの）は、測定をするか否かによらずある特定の値を持っています。

身長160cmの人は、つねに身長を測り続けていなければ身長が160cmでなくなるわけではありません。

量子力学の枠組みでは、観測可能量は測定した時点で確定し、測定前は確定していないと考えます。Aの発言で、「人が何かを想起すると物事が確定する」とありますが、実際にはあくまで「脳内で確定している」だけで現実で確定しているわけではないので、これを測定の理論に結びつけるのは誤謬です。

たとえば、「自分が億万長者になっている妄想」はできますが、鮮明に妄想できたからといってそれが現実になっているわけではありません。

逆に、現実で実現しえないことを人間の脳で想起することはできます。「四角い三角形」や「ロバの暴力団」（哲学者・土屋賢二さんのエッセイによく登場するキャラクター（？））は、現実には存在しませんが、脳内に存在させることはできます。

※５　すべての学問は、ヘーゲル的弁証法よろしく、議論によって進化していきます。人の意見を聞き入れずひたすら自説を展開していくだけになると、それは学問ではなく思想になります。世間で「哲学書」と呼ばれているものの中には、このようにただひたすら自説を展開しているだけのものがあります。これは「思想書」や「自己啓発書」の類であり、それを読解し鵜呑みにすることを「哲学をする」ことだと思ってしまってはいけないと思います。

　科学においても、著名な科学者が言ったことがすべて真実であるということではなく、あくまで実証されるべき命題や仮説である、ということは意識しておく必要があります。

「真実」という言葉は危険な言葉で、何をもって「真実」であると言えるのかという、懐疑的な見方を忘れてしまうと、嘘偽りに簡単に騙されてしまいます。

※６　これはあたかも議論を一般化したかのように見せながら、じつは言葉を適当に記号に置き換えたに過ぎません。高尚な概念を持ち出したところで、ＭやＳの定義を都合よく取ってしまえば、適当なことを言えてしまいます。

※７　ともすれば誤解されがちなことですが、科学の目的は一つひとつの「なぜ」に答えることで、センセーショナルなアイディアを誇示することではありません。科学においてセンセーショナルなアイディアは存在しますが、そこに至るまでの「なぜ」に答えられなければ、それは「思想」止まりです。

※８　とても良い出来事のことを「夢のような出来事」と表現することがありますが、寝ているときに見る夢はさほど良くないことが多いので、どちらかといえば「将来の夢」のほうの「夢」なのではないかと個人的には思います。そう思うと、「将来の夢」も「自分のイメージを現実にする」ことを目的としているので、ある意味「引き寄せの法則」に近いのではないでしょうか。「口に出していれば夢は叶う」のように表現すると説得力のあるように聞こえますが、実質は「引き寄せの法則」と同じことを言

っているのかもしれません。

※9　間違った因果関係に騙されてしまうことはよくあります。これをユーモアたっぷりに表現した秀逸な「テレビパン」という動画があります。「99%の受刑者がパンを食べたことがある」というデータを出し、「パンと犯罪をする者の間には因果関係がある」というでたらめが、動画のクオリティの高さから真実のように見えてしまうという作品です（p.137も参照）。

「テレビパン」（架空紙幣作家olo氏作成）

https://www.youtube.com/watch?v=qxFbbfyhYHg

音楽はなぜ心地いいのか

モーツァルトや、「音楽の父」とも称されるヨハン・セバスティアン・バッハの音楽は、音楽の科学的な側面を存分に楽しめる好例でしょう。古典的な様式の厳しい制約のもとで、限られた語法を駆使しながら音を並べていく様子は、まさに職人技です。

その中で音楽の起伏を作っているのが、いわゆる「音楽の三大要素＝旋律・和声・律動」。

語法が限られているからこそ、「予期できるもの」「規則正しいもの」を定義することができ、そこからいったん離れて、再び戻ってくる（音楽的には「解決する」と表現します）ストーリーを組み立てることで、「ふるさとに帰ってきた」ような安心感を得ることができます。これが、音楽の心地よさの一因と言えるのではないでしょうか。

「ホーム」→「アウェー」→「ホーム」に帰る

古い西洋音楽における機能和声の枠組みは、まさにこの「解決」を指導原理として組み立てられていると言えるでしょう。

定義可能な24の調のうちの一つを基準の調として選択することで、「ホームの調」と「アウェーの調」（五度圏上で離れている調）を作り出すことができ、「ホームの調からアウェーの調へ移行し、最終的にホームの調に帰ってくる」というストーリーを構築することができるようになります。

18世紀後半から19世紀半ばまでの間に作られた音楽はおおよそすべて、このストーリーを基調にしています。

楽曲の良し悪しは、この単純なストーリーにいかに余計な曲がり角（twists and turns）を付加して、ホームに帰ってくることを焦らすかで決まると言ってもいいでしょう。

物理学的にとらえると

私はよくこれを量子力学における摂動論や、場の量子論における経路積分とのアナロジーでとらえています。

つまり、始状態から終状態に至る経路は、古典力学では最小作用の原理で決まる一つの経路ですが（くわしくはp.050を参照）、量子力学的には位置と運動量の間の不確定性関係のため経路がただ一つに定まらず考えうるあらゆる摂動や経路の寄与を総計しなければなりません。

たとえば摂動論はその経路のうち主要なものから順に足していく考え方ですが、その「メインストリームからちょっとだけずらす」というのが、音楽における摂動のようにとらえられます。

音楽と物理で意図はまったく異なりますが、モーツァルトのソナタで奇天烈な偽終止に出会うたびに、新たな摂動が加えられたように感じてニヤニヤしてしまいます。

また、音楽の場合は、物理のたとえを援用すれば、始状態からめぐりめぐって始状態にまた戻ってくるわけですが、音楽的には同じだとしても、感情的にはまったく別物である点にも注意が必要です。

1週間家で過ごしたあとの家と、1週間旅行をして帰ってきたときの家は、物理的には同じでも、向き合い方が違います。

ヘーゲルの弁証法の概念を借りれば、途中でたどったさまざまな経路での経験との止揚で作られた、「一段階レベルが上がった」ホームなのです。

われわれが音楽に感じる心地よさは、この「無意識の上昇志向」と、その末に待っている「里帰り感」なのかもしれません。

「ずっと旅に出たまま家に帰ってこない」音楽

さて、ここまでの話は19世紀半ばまでの音楽の話でした。

それ以降、機能和声は徐々に解体され、いわば「ずっと旅に出たまま家に帰ってこない」タイプの音楽が作られるようになっていきます。
　ストラヴィンスキー[※1]やバルトーク[※2]の曲のように、それを推進力として活用する場合もありますが、たとえばリゲティ[※3]の「ルクス・エテルナ」[※4]のように、ホームもアウェーもないのに心地よさを覚える曲もあります。
「ルクス・エテルナ」は映画『2001年宇宙の旅』でモノリスが月面で発見されるシーンに使われて、一躍有名になりました。リズムもなく、不協和音のハーモニーが続き、一貫して静けさを感じさせる不思議な曲調です。
　このような例はどう理解すればいいのかと思うでしょうが、じつは私にもよくわかりません。
「ルクス・エテルナ」が心地良いと感じるのは一部の人々で、「薄気味悪い」という感想を抱く人も多いのではないでしょうか。
　現代社会ではあらゆるコンテンツが多様化しているのと同様に、非機能和声的な楽曲のどのような要素を「ホーム」や「アウェー」ととらえるかは人それぞれで、統一的に理解できません。
　これは一方では、先例のないような奇抜な「良い曲」が生まれる可能性がまだ残されているとも言えますし、他方では大衆的人気に支えられるヒット曲は原理的に生まれにくいということでもあります。
　人間が何を「ホーム」ととらえやすいかが解明されれば、また新たな「機能和声」のような枠組みが作られるのかもしれませんが、それは「こころ」を研究する人たちに委ねましょう。

モーツァルトの作曲におけるポリシーは、素人も音楽通も、どちらも満足させられる音楽を書くことだったそうです。心身のストレスを和らげ、集中力が向上するという「モーツァルト効果」は、音楽の心地よさを感じるカラクリにこそ隠れているのでしょう。

※1　20世紀を代表する作曲家の一人。初期の三大バレエ「火の鳥」、「ペトルーシュカ」、「春の祭典」で知られる。
※2　「管弦楽のための協奏曲」などで知られる、ハンガリーの著名な作曲家。
※3　現代音楽の巨匠の一人。ユダヤ系ハンガリー人のルーツを持ち、ナチスによる迫害や動乱による亡命で何度も死に瀕する。スタンリー・キューブリック監督の映画『2001年宇宙の旅』『シャイニング』などで音楽が使用され、一躍有名になった。
※4　リゲティが1966年に作曲した無伴奏16部混成合唱曲。邦題は「永遠の光」。「トーン・クラスター」という、たくさんの楽器や声で全音や半音などの狭い音程間隔を重ね合わせて音の塊を作る技法により作り出されている。

すべての物事は数式であらわせると言うけれど

「自然という書物は数学の言葉で書かれている」という言葉を聞いたことがあるでしょうか。16〜17世紀のイタリアの天文学者、ガリレオ・ガリレイの言葉です。
　この言葉のとおり、すべての自然現象は数学で記述できると言われています。そして、自然科学は、あらゆる自然現象に対する素朴な「なぜ？」を究極まで追求する営みで、数学なしには成り立ちません。
　これは、「リンゴが木から地面に落ちるのはなぜ？」というものから、「われわれがこの世に存在するのはなぜ？」というものまで、あらゆるレベルで当てはまります。

「確からしさ」の尺度

「なぜ？」を追求するとは、具体的には観測に基づいてある仮説を立て、それを検証するというプロセスをくり返すことを意味します。

しかし、いくらでもそれらしい仮説を立てることはできるものの、その仮説を検証するには何らかの「確からしさ」の尺度が必要になります。

科学においてその尺度の役割を果たすのが数学です。

数学は、「大きい」「小さい」「速い」「遅い」といったあいまいな概念に具体性を持たせ、個々の事象から抽象的な法則を浮かび上がらせます。こうして現象から理論が構築されていくと、やがて理論が現象を予言できるようになります。この手続きをくり返していくことで、自然現象を記述する数式たちが組み立てられます。

しかし、どんなに大層な理論が構築されても、それは結局「自然現象を上手く再現するシナリオ」以上のものではない、ということは肝に銘じておかなくてはなりません。

「なぜ」をひたすら続けると

数学でも物理でも、「なぜ」という問いをひたすら続けていくと、どこかの段階で堂々めぐりに陥り、どう考えても答えの出ない問いまで行きつきます。そのとき、理論の連鎖の源流に当たる命題を、「原理」や「公理」という名のもとに「正しい」と仮定するほかに方法がありません。

これは科学の限界であるとともに、美しさでもあります。つまり、いくつかの「原理」や「公理」だけを仮定すれば、個々の事象は自然な演繹（えんえき）で導かれるという、いわば「なんでも理論」を構築できるような枠組みになっています（当然、実際にはそう簡単にはいかないわけですが……）。

原理を数式であらわし、それらを解いた答えが個々の法則になるという面白さや美しさは、実際の例で確認するのがもっともわかりやすいでしょう。

物理の原理を使って確認

物理における原理として真っ先に思い浮かぶのが、基本原理の一つ「最小作用の原理」でしょう。「最小作用の原理」とは、作用が最小になるように動くというものです。

具体例に言い換えると以下のようになります。

テーブルに乗っているビー玉が、点Aから点Bまで運動するときにたどる経路は、作用Sという量を最小化するような経路である。

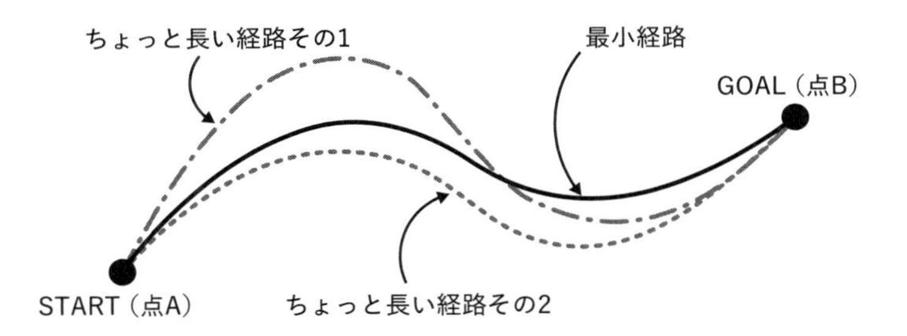

点Aから点Bまでの経路で、ビー玉は最小経路をたどろうとする

慣性の法則

　物理で物体の運動をあらわすものとしてすぐに頭に浮かぶのは、ニュートンの第一法則「慣性の法則」ではないでしょうか。
　たしかに、この法則に当てはめてしまえば、テーブルの上のビー玉の運動はたどることができます。
　しかし、そもそもニュートンの慣性の法則はなぜ成り立つのでしょうか？

最小作用の原理

　この疑問を解消するのが「最小作用の原理」です。
　作用 S という量は、ラグランジアン L という量を時間について積分することで得られます。
　L_k(k=1,2,3,...) はある時刻 t_k(k=1,2,3,...) におけるラグランジアンの値をあらわし、⊿t は微小時間 t_k+1-t_k です。
　これを式にあらわすと、

$$
作用\ S = L_1\Delta t + L_2\Delta t + L_3\Delta t + \ldots\ldots
$$

$$
= \Sigma L\Delta t
$$

$$
\xrightarrow[\Delta t \to 0]{} \int L dt
$$

となります（足し算の刻みを、無限に細かくしたものが積分）。

ラグランジアンは最小作用の原理を説明し、解析力学と呼ばれる学問を創ったフランスの物理学者の名前から来ていますが、もっとも基本的な場合では運動エネルギーとポテンシャルエネルギーの差で定義されます。

そんなラグランジアンを式にあらわすと、

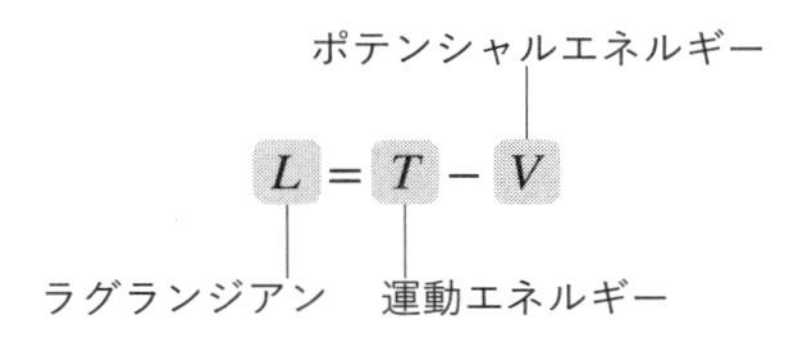

と仮定できます。

テーブルが完璧に水平だった場合、ビー玉は何も力を受けません。したがって、系（外界と独立したひとまとまりの物理的対象のこと）はビー玉の動く速さ v だけで特徴づけることができます。ポテンシャルエネルギーはどの位置でも等しいため、ラグランジアンは運動エネルギーそのものになります。

$$T = \frac{1}{2} mv^2$$

$$V = 0$$

$$L = \frac{1}{2} mv^2$$

このとき、作用は先ほどの

$$S = \int L dt$$

で、これは

$$S = \frac{1}{2} m \int v^2 dt$$

となり、その作用が最小となる点は、多少速度vが変わっても作用の値は変わらない点＝底（＝停留点）になります。

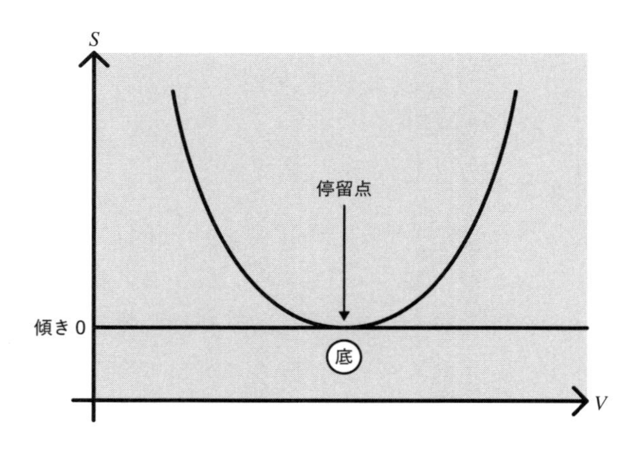

速度 v が多少変わっても、作用の値は変化しない（停留点）

作用Sを最小化するtを求めるためには、オイラー・ラグランジュ方程式と呼ばれるものを解く必要がありますが、詳細は割愛します。

オイラー・ラグランジュ方程式を無事解くことができると、最終的に

$$\frac{d}{dt}v=0$$

が導かれます。

導き出されたものは？

ここで導き出された

$$\frac{d}{dt}v=0$$

とは、少し時間 t が経っても、速度 v が変わらない。つまり、等速運動であり、止まっている物体は止まり続け、動いている物体は同じ速度で動き続ける※ことを表す式です。

※摩擦は考えない。

これは、言わずと知れたニュートンの第一法則「慣性の法則」になります。

最小作用の原理を出発点として考えると、なぜかニュートンが実験から見つけ出した法則が求まるのです。

これは当たり前の結果のように思われるかもしれません。それもそのはず、最小作用の原理はニュートンの法則を

再現するように構築された枠組みなので、そこから導かれる結果の多くは、すでに観測事実として知られていることになります。

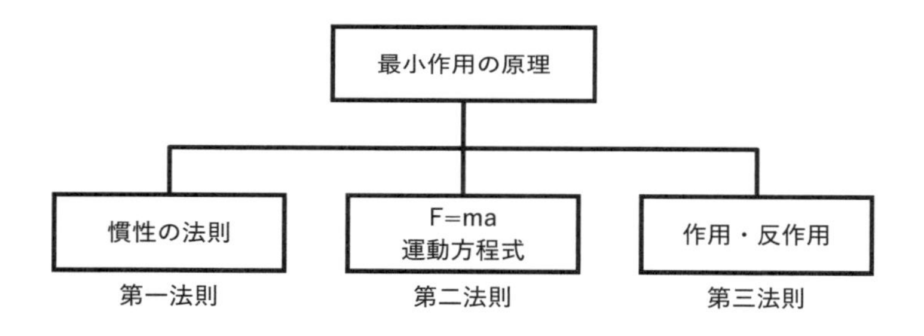

ニュートンの第一〜第三法則は、いずれも
最小作用の原理から導き出せる

「事象を数式であらわす」とは

自然科学において「事象を数式であらわす」とは、「いかに自然現象を記述できるか」という問題であり、きっとあらゆる学問に共通するであろう、「常識の再構築」にほかなりません。

ただし、「『私』とは何か」「なぜ人を殺してはいけないのか」といった「常識」は多くの人がすでに答えを知っている（わけではないが、知っているつもりになっている）のに対し、自然科学における「常識」は、「物質を構成する最小単位とその性質は何か」「なぜ時間は過去から未来にしか進まないのか」といった、答えが自明ではないことが多いものです。

現在、教科書に載っている自然科学の「常識」（と、少なくとも今は思われているもの）も、今のところもっともらしい説に過ぎません。

数学という抽象的な言語の世界でその常識を再構築する中で、じつは常識が誤っていたとわかるたびに、自然科学は一段ずつ深化するのです。

加速器を使った おしごと

ある粒子を人工的に別の粒子に変える──いわば現代の錬金術を可能にしているのが、世界各地に作られている加速器です。もっとも有名なものはスイス・ジュネーブの地下にあるLHC（Large Hadron Collider）でしょう。

LHCは、陽子を6.5TeV（光速の99.999999%）の速さまで加速し、同じ速度まで加速させた別の陽子と正面衝突させる装置です。このとき陽子にふくまれるクォーク同士が高いエネルギーで反応し、大量の粒子が作られるため、それらをすべて検出してエネルギーや運動量を調べます。

2013年のノーベル賞で話題となったヒッグス粒子も、このLHCで作られました。癌の治療や桜にイオンビームを照射して品種改良を行うといった形で加速器を利用した研究もあります。

しかし残念ながら、高い需要に反して加速器の数は非常に限られます。しかも一つひとつ特徴が異なるため、自分の研究で使うために適した加速器施設に直接出向く必要があります。

また、加速器を運転するためには多額の電気代がかかるため、年間で利用できる日数が限られていて、多数の研究者がその枠を獲得するために申請を行い、承認されれば1年あたりわずか数日程度の実験日が与えられます。

季節労働者のような生活

したがって加速器を使う研究者の生活は、極端な季節労働者のようなものかもしれません。実験の1年前から半年前くらいに、「来年の○月○日の午前9時から24時間」のように実験時間（ビームタイム）が割り当てられます。

各研究者はそのときに欲しいデータが得られるように、装置の準備やシミュレーションを行います。

実験中は大量の放射線が発生するため、装置はすべて遠隔操作で動かさなければなりません。そのためのサーバーやネットワーク系統の構築も準備の一環です。実験本番の数日前には現場に装置を持ち込み、問題なく実験ができるかの最終確認を行います。

当日はシフトを組んで24時間体制で実験が続けられます。遠隔操作なので、実験中に装置に何か異常がないか、温度や電圧といった基本的なパラメーターを手がかりに見極めなければなりません。そしてたいてい、一つや二つは予期せぬトラブルに見舞われ、思い通りの実験にはならないものです。

実験が終了しても、すぐに仕事は終わりません。真空ダクトの中でビームが当たった部分は放射化しているため、1～2週間経ってから片付けに入ります。その間に、データに問題がないかの確認をしたり、トラブルの原因究明を行っていたりします。

実験後には年単位のデータ解析が待っている

実験後のデータ解析は、研究によっては1年単位の時間がかかります。実験中に得られる情報は、検出器が信号を受け付けた時刻と信号の大きさのみ。ここから調べたい物理量を引き出すにはいろいろな工夫が必要です。

たとえば、ある原子核の寿命を知るためにはどうすればいいでしょうか？　崩壊するときに放出される放射線を長時間にわたって観測し続けて、その検出頻度が時間とともにどう変化していくかを追っていけば、原子核の寿命を見積もることができそうです（数百年などあまりにも長寿命なものなどは除く）。

そしてもっともらしい数学的モデルを仮定し、それをデータに当てはめて、もっともデータに適したパラメーターを算出することで寿命を決定することができます。

では、その寿命はどれくらい「確からしい」？

寿命が5分だとわかったとして、5分±0.1分なのか、

5分±1分なのかでは意味が全然違います。
この「±○○」の部分（一般に「誤差」と呼ぶことが多い）をどれだけ正確に評価し、あわよくば小さくできるのか、が物理学の実験における最重要テーマになります。
誤差を小さくするもっとも簡単な方法は、多くの場合、測定回数を増やすことです。同時に、加速器実験でもっとも苦労するのも、たいていこの点です。
つまり、人工的に作り出せる粒子の量は非常に限られているため、研究によっては何年もかけなければ測定誤差を十分小さくする程度の測定回数が得られないのです。この端的な例が、膨大な数の実験を重ねなければ反応が起こらないような、合成できる確率が限りなく低い元素であるニホニウムを作った理研の研究でしょう（pp.034~035を参照）。

加速器を使い続ける理由

それでもなぜ人は加速器を使い続けるのか。それはやはり、加速器を使わなければできない研究がそれだけたくさんあるから。
未知の粒子を発見する研究は、直接その粒子を作り出すのがもっとも確実です。
特殊相対性理論によれば、粒子同士を高いエネルギーで衝突させればそれに対応する質量の粒子を作り出すことができるので、高いエネルギーが出せる加速器が重宝されるわけです。類似の研究として、粒子を作り出すよりも低いエネルギーで、少しだけ励起(れいき)させる(エネルギーが高い状態にする)研究をすると、その原子核の構造や反応を調べることができます。

また、人工元素の化学反応を調べると、原子核だけでなく原子としての性質を調べることもできます。原子番号が大きくなると、電子の運動エネルギーが高くなるために原子の形が歪み、原子としての性質が変わってくることが知られています。元素周期表の下のほうの元素は原子としての性質が十分にはわかっておらず、今後の研究結果次第で並べ方が変わる可能性があるといえます。

違った毛色の研究では、癌細胞をわざと被曝させて治療する粒子線治療や、人工衛星に搭載する半導体機器が壊れないかをテストするための照射試験など、加速器が特殊な環境を作り出すことで成り立つものもあります。

研究者の知的好奇心を満たすため、あるいは人々の生活をより良くするため、日夜加速器は動き続けています。

千年さかのぼると源平藤橘に当たるというが、それならすべての人が天皇家に近い血筋？

スタンリー・キューブリック監督の名作映画『2001年宇宙の旅』では、人類の祖先が知性に目覚めるシーンから始まります。

私たちの祖先がモノリスの恩恵にあずかっているかどうかはさておき、そのような人類誕生から連綿（れんめん）と続いた末裔が私たちであることは間違いありません。

面識のあるなしにかかわらず、人はみな、2人の父母から生まれているため、ある時代において自分の「祖先」に当たる人の数は計算できます（生物学的な親子関係と養子など社会的な親子関係が異なる場合もありますが、ここではあくまで生物学的な親子関係に限定します）。

1世代前は2人、2世代前は4人、と続いていくので、一般にN世代前には2^N人いることになります。

源平藤橘（げんぺいとうきつ）の家系が始まったのは奈良時代から平安時代にかけて、およそ西暦700年から800年の頃とされています。

世代間の年数、すなわち、各世代の人が何歳で子供を生んだのか、という値を30年と仮定すると、現在からおよそ40世代前ということになります。

したがって、源平藤橘の時代にいた人のうち、自分の「祖先」に当たる人は、

2^{40}＝約１兆人

ということになります。

これはしかし、当時の日本の人口が１千万人程度と見積もられている（諸説あり）ことと照らし合わせると、まったくおかしな話です。

この結果は、「祖先を共通にするような組が一定数いる」ということを示しています。

たとえば、自分の両親がいとこ同士だった場合、その祖父母世代は共通になるため、３世代前の「祖先」の数は２人ということになります。この例からわかるとおり、平安時代のある世代において自分の「祖先」が何人いたかというのは、「祖先を共通にする組」がいつ発生したかに依存します。そして、このようないわゆる「いとこ婚」は時代が古いほど多く存在したと考えられるため、源平藤橘の時代に自分の「祖先」に当たる人はじつは極めて少なかった、という可能性があります。

これを踏まえると、源平藤橘の時代に自分の「祖先」が何人いたかというのは、一代一代たどっていかない限り、知るよしもないということになります。

当時日本の全人口のうち何割が源平藤橘の家系だったかもわかりませんが、先ほどの見積もり通り、当時の自分の祖先が少なかった場合には、自分が源平藤橘の家系である可能性はおそらく低いと言えるでしょう。

こうなると、自分の血筋を探るのは、伝統的な「考古学」に依るしかありません。よく使われる手法として、苗字をたどっていくことで家系を探る方法があります。

この方法は比較的わかりやすい一方、祖先が見栄を張るために勝手に名家の苗字を名乗った可能性もよく指摘されます。

しかしながら、家柄で生活が左右されるとはまったく世知辛い話です。仮に日本人の多くが名家の末裔だったとすると、そのような家柄の人しか子孫を残すことができなかった（あるいは養育する充分な環境が得られなかった）ということになり、身分の低い庶民は自然と途絶えていったという、まるでソーシャル・ダーウィニズムを具現化したような話ができあがってしまいます。

現代を生きる一庶民として、願わくば庶民の家系であってほしいと思うのはただの綺麗ごとでしょうか。

「嘘物理学」考

近頃、日本の物理界隈を（局所的に）震撼させている、現役東大物理学専攻の大学院生YouTuber、たむらかえ2さん。
彼女のチャンネルには、われわれが普段感じる何気ない疑問を、あたかも物理学に基づいて論理的に解説していると見せかけ、誤謬と欺瞞（ぎまん）を楽しむ「嘘物理学」というコーナーがあります。
たとえば、「あくびがうつるのはなぜ？」といった疑問には「あくびをするとその空間の酸素濃度が薄まり、近くにいる人が酸欠状態になるから」といった調子です。

科学的な考え方になじみのない人は、「科学的な用語や数値、計算が示されているから、きっと正しいのだろう」と短絡的に考えてしまうことがあるかもしれません。
しかし、わざと誤った論理展開をすることで、誤った結論を導くことだってできます。
これは、数学における論理が演繹的であるからです。
ある命題の真偽は、真とわかっている別の命題からの推論から判定されます。ところが、これに基づくと、その推論の「階段」は永遠に終わらないことになってしまいます。
たとえば「実数」を数学的に定義づけるための枠組みで

は、いくつかの公理を前提としなければなりません。この公理が間違っていれば、その後の推論はすべて誤りです。
実際に間違った公理・原理から間違った結論が、いかにもそれらしく導かれる様子を見てみましょう。

例1

日本は「わび・さび」の国である。
それはつまり、「無」や「空」といった概念に価値を見出す文化である。
すなわち、すべての物の根底には「0」（無や空）がある。
当然ながら、その文化に基づいて作られた和菓子のカロリーも、「0」である。
したがって、和菓子はいくら食べてもカロリー0である。

例2

お笑いコンビ・ミルクボーイによれば、一見なんの用途かもわからないようなものであっても、それが何らかの役に立つ限りは「こんなんなんぼあっても良いですからね」である。
一方で、お店に売っている任意の商品は、誰かにとっては価値のあるものである（そうでなければ売るはずがない）。
すなわち、お店で購入可能な任意の物体は「こんなんなんぼあっても良い」ものである。
それはたとえば、観光地のお土産屋さんに売っている、何に使うかよくわからない旗でも同様である。

　このように、言葉の意味や文脈を誤って使用することで、客観的事実に反する推論が書けてしまいます。
　しかし、これらは誰が見ても誤りがすぐに指摘できるため、まだ（悪趣味な）冗談として成立する範疇でしょう。
　それでは、最後に数学的に非自明なケースを見てみます。

例3

　0をふくむ割り算は必ず0である。
　さらに、割り算において、割る数と割られる数が等しければ答えは1である。
　ここで1−1＝0の両辺を0で割ると、左辺は0、右辺は1となるため、0＝1である。

　これはだれが見てもそのおかしさに気づきますが、「科学的な用語や数値、計算が示されているから、きっと正しいのだろう」という純真な心につけこみ、だまくらかす、まやかしの数字や計算がこの世にはあふれているのです。

加速器実験の1日（学生実験）

大学の理工系学部では必ずといっていいほど、「学生実験」の授業が行われます。

決められたプログラムや課題を、学生数人のグループで教員やティーチングアシスタント（TA）の助けを借りながらこなすもので、オシロスコープや同軸ケーブルといった基本的な実験道具の扱い方や、データ取得と解析の作法、実験ノートの書き方などを学びます。

どのようなプログラムが用意されているかは大学によりさまざまですが、中には外部の大規模実験施設を間借りして実験をさせてもらえるところもあります。

東大の理学部物理学科では、理化学研究所とのつながりを生かして、実際に理研の装置を使った原子核の散乱実験を体験できるプログラムが用意されています。かつてティーチングアシスタントとしてこの実験を補助した経験に基づき、加速器実験がどのように行われるかの一例を紹介します。日程は変則的ですが、たいていは1～2日目は検出器の操作を学び、3～4日目に理研へ向かって実験のセットアップとビームを用いた実験を行い、残りの日数は解析、考察にあてられます。

以下は、私がTAを務めた当時の「複合核反応」の実験の内容です。

実験の目的

具体的な内容の前に、何を目的とした実験なのか、概略を説明します。

ある止まっている原子核（ターゲット）に対して、高速に加速した別の原子核（ビーム）を衝突させます。

本来、原子核は陽子と中性子から構成されているため、電気的に＋を帯びており、近づけば近づくほど強く反発しあいます（電磁気力）。

一方で、陽子や中性子は核子と呼ばれ、近づけば近づくほど強く引き合う力（核力）も存在します。

この電磁気力（斥力）と核力（引力）のバランスによって、原子核同士が近づいていったときに何が起こるかが決まるのです。

斥力的な電磁気力と引力的な核力では、後者のほうが及ぶ距離が短いため、原子核同士を近づけていくと、最初は斥力が強いものの、どこかでそれが引力に転じるところがあります。ここではそれを「山」と呼びます。

原子核同士を衝突させて複合核を作るには、この「山」

を乗り越え、引力に転じる必要があるのです。

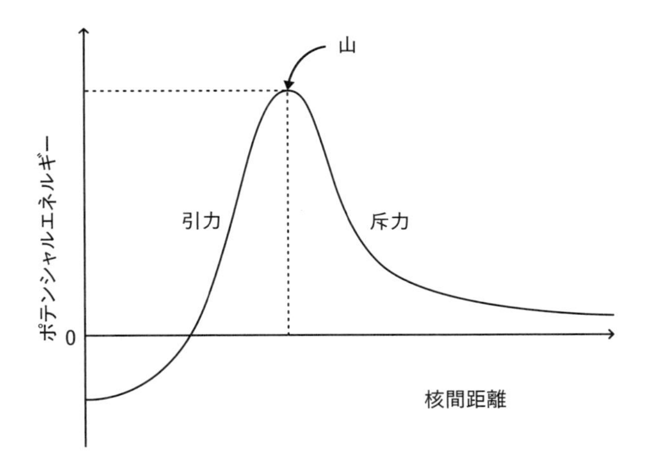

複合核反応とエネルギー。複合核反応実験では複合核を作るために、「山」を越えなければいけない

複合核反応実験の内容

「複合核反応」では、サマリウム（Sm）[※1]やタングステン（W）[※2]の金属箔にアルファ粒子を打ち込みます。

アルファ粒子が原子核と正面衝突すると、まずSmやWが陽子を２個追加したガドリニウム（Gd）[※3]やオスミウム（Os）[※4]になります。

これらの原子核は球対称ではないことが知られており、

回転の自由度を持ちます。かみ砕いて言えば、球対称である場合はどの向きを向いていても同じですが、球対称でないということはどちらを向いているか区別できるので、回転という自由度が生まれるということです。

複合核を形成し、中性子を放出しただけでは反応直後の原子核はまだエネルギーが有り余っている状態で、非常に早く回転しているようなエネルギー準位（高スピン状態）になります。

非常に速く動いていたこの原子核は、徐々にガンマ線を放出しながらエネルギーを失っていき、やがてもっともエネルギーが低い状態（基底状態）に落ち着きます。

このときに放出するガンマ線のエネルギーは、原子核の構造から自動的に決まるため、ガンマ線の検出器を置いて観測することで、たしかに複合核が形成されていることが確認できるのです。

※1　原子番号62の元素。希土類元素（レアアース）の一つ。
※2　原子番号74の金属元素。
※3　原子番号64の元素。原子炉の制御材料に用いられる。
※4　原子番号76の元素。もっとも密度が高い金属で、万年筆のペン先や電気接点材料に使用される。

実験準備

実験はまず事前準備から始まります。

ガンマ線を検出するためには、それに適した検出器が必要です。今回の場合は、ゲルマニウム半導体検出器を使います。

ゲルマニウム半導体検出器は、常温では熱によってノイズが発生してしまうので、液体窒素で冷却して使います。

液体窒素は、一度汲んでも徐々に蒸発していってしまうので、数日に一度は補給しなければなりません。実験を行う前には必ず、施設共用の液体窒素汲取場で液体窒素を入れても平気な特殊な瓶にたっぷりと液体窒素を汲み取って、実験室まで運び込み、検出器の注ぎ口に注ぎます。

ゲルマニウム半導体検出器

しゃへい
検出器
マルチ
チャンネル
波高分析
装置
冷却用液体窒素

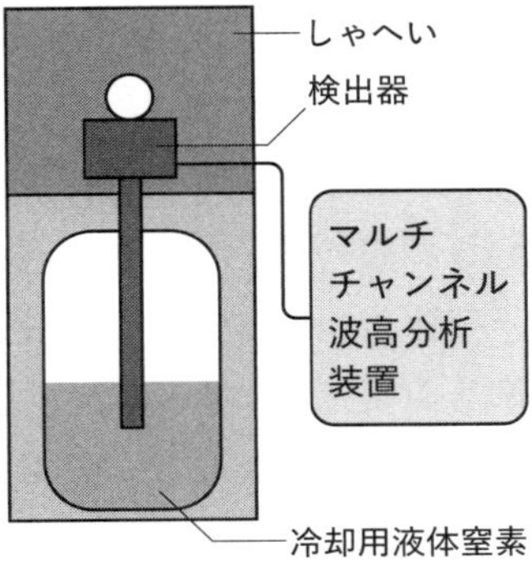

検出器のエネルギー校正

実験室での作業は2日間に分けて行われます。

最初は、標準線源（せんげん）を使って検出器のエネルギー校正をします。

標準線源とは、放射線の測定において放射線測定器が正しく測定できているか確認する校正の作業のために用いられる基準となる線源のことを指します。

エネルギー校正とは、電圧とエネルギーを対応づける行為です。

ガンマ線検出器は、ガンマ線のエネルギーを電圧パルスに変換する装置で、そのエネルギーの大きさが電圧の高さに対応します。ガンマ線検出器で測れるのは電圧のみであるため、事前にどの電圧（ボルト）がどのエネルギー（電子ボルト）に対応するのかを確認しておかないと、観測されたガンマ線のエネルギーがわかりません。

ガンマ線の標準線源

ガンマ線の標準線源は特定の長寿命な不安定核が密封されたもので、ガンマ線のエネルギーのほか、放射能量がすでにわかっています。

この線源を検出器からある距離だけ離したときに、検出器で得られる電圧パルスの高さと頻度を集計することで、電圧とエネルギーの関係性や、検出器に届いたガンマ線のうち何割が実際に信号として検出できるかを確認することができます。

いくつかの種類の標準線源でこれを測定することで、エネルギーが未知なガンマ線でも、ちゃんと測定値からエネルギーや強度に換算することが可能です。

実際に加速器を使って実験

２日目の実験では、実際に加速器を使ってアルファ粒子をSmやWの標的に照射します。

実験者側が準備するのは最終段階の標的の部分だけなので、イオン源の運転を担当するスタッフや加速器のオペレーターたちが、前日の夜からイオン源・AVFサイクロトロンの立ち上げや調整を開始します。

加速器のビームラインはすべて真空ダクトになっていて、多量の放射線も発生するので、当然すべての操作を遠隔で行います。

しかも、ビームを下流に送り届けるまでのたくさんの電極や電磁石のパラメーターが絶妙に合っていないと、ちゃんとビームが届きません。

実験者視点ではあたかも、たやすくビームが出せているかのように見えますが、実際にはたくさんの人の職人技によって成り立っています。

照射開始

実験当日は、昼過ぎから照射開始です。

実験者も当然実験室に立ち入ることができないので、実験室内に置いてあるパソコンを遠隔操作して、データの取得や標的の交換を行います。

標的は、3つの穴が開いた金属板がモーター駆動で上下に動かせるようになっており、そのうち2箇所にはそれぞれSmとWの板が、もう1箇所にはZnS（硫化亜鉛）の蛍光板がはめられています。

蛍光板にアルファ粒子が当たると、当たった位置が可視光を発するので、カメラでその表面を見ればビームが想定通り当たっていることを確認できます。

実験を行うときには、また遠隔操作でモーターを駆動して標的を移動させ、それぞれの板の中央にビームが当たるようにします。

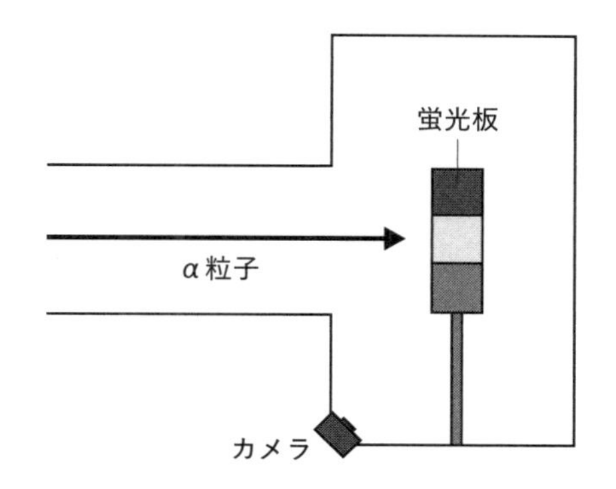

蛍光板だけで位置を校正して、あとはターゲットを移動させるモーターの移動距離でビームが想定通り当たっているかを確認する

いざビーム照射を開始すると、検出器で次々とガンマ線の信号が検出されます。

検出器にはマルチチャンネルアナライザ※5が接続されており、検出器から送られてきたアナログの電圧信号を、コンピュータで処理できるデジタル信号へと変換します。

マルチチャンネルアナライザには自動解析プログラムが付属しており、検出されたチャンネル値の頻度分布がリアルタイムで表示されていきます。

※5　放射線スペクトルの解析に用いられる機器で、アナログの電圧信号の高さを離散的な（とびとびの）数値に変換し、入力したパルスの高さをヒストグラム（度数分布表）として記録する。

特定のガンマ線のエネルギーが検出される

しばらくビーム照射を続けていると、いくつかのピークが見え始めます。

これは特定のガンマ線のエネルギーが高頻度で検出されていることを示しています。

等差級数的なガンマ線のエネルギー

さらに、この実験で見ようとしている高スピン状態（励起状態）からの脱励起の場合は、放出されるガンマ線のエネルギーが等差級数的になることが知られています。

この特徴と、ヒストグラムから読み取れる実際のエネルギーを先行研究の値と照らし合わせて、たしかに高スピン状態からの脱励起によるガンマ線を検出したことが確認できます。

目的以外のガンマ線が見えることも

さて、これだけであれば実験の最初から想定される結果で、いわば「教科書通り」です。

まだ誰も観測したことがないガンマ線を検出する場合には、「答え合わせ」ができません。

このときに先のエネルギー校正や検出効率の見積もりが

誤っていたら、誤った結果にたどり着いてしまったり、そもそも何も見えずに終わってしまったりする可能性すらあるのです。

エネルギー校正をきちんと行うことの重要さがよくわかるのではないでしょうか。

実際に学生実験でも、目的のガンマ線以外の信号が見えることがあります。

そもそも自然に存在する放射性物質からのガンマ線、別の系列の励起状態からの脱励起、他の実験で発生して残留している放射性物質からの信号など、考え得る可能性はいろいろあります。

その場合には、ありとあらゆる方向から検証をして、検証結果を積み上げていかなければいけません。

さまざまなパターンで想定されるエネルギーや頻度と照らし合わせてその起源を考察する作業は、本物の研究をわずかながら味見できるいいチャンスでもあるでしょう。

『魔の山』における山の上の時間（時間の流れと密度）

「大人になると時間の流れが早くなる」とはよく言ったもので、一つ一つの出来事から受ける刺激が小さいほど、人にとって時間の流れが速く感じられるようになります※。

※NHK総合のテレビ番組「チコちゃんに叱られる！」でテーマとして取り上げられたことがあるほど、このように感じる人は多いのでしょう。

このことからすぐわかる通り、人間の脳には、物理的に決まっている時間とは異なる「脳内時間」のようなものが存在すると考えられるのではないでしょうか。

そして、その正体は物理的に定められる時間とは独立したもので、脳の情報処理のレートに依存すると考えるのが自然でしょう。

時間が長く感じる場合、短く感じる場合

たとえば、日常の中の１時間を、次の２通りの過ごし方をした場合を考えます。

A

動画をBGMのように流しながら書類仕事をしようと思ったが、気づいたら動画のほうに見入ってしまって1時間たってしまった。

B

あまり興味のない飲み会に参加し、うちわノリで盛り上がっている人たちの中に一人だけ混ざる形になってしまった。

通常であれば、Aは一瞬のように感じられ、Bは逆に永遠のように感じられます。

Aでは、意識は完全に動画に集中しており、しかもただ次から次へと流れてくる情報を受け取るだけなので、ほとんど能動的な思考はありません。それに対してBは、「この気まずさを何とかしなければ」という意識が働き、思考が目まぐるしく働きます。

したがって、どのくらい能動的な思考を要したかによって、「脳内時間」の早さが決まるように思われます。これは、次のような特殊な事例を考えると、より際立ちます。

B′

飲み会参加者の中の一人が自分と共通の趣味を持っており、その話題で盛り上がることができた。

このときのB′は、自分がよく知っている話題について話すので、あえて新しいことをいろいろ考える必要がありません。その結果、Bのような能動的な活動が少なくなり、時間は短く感じられることでしょう。

『魔の山』における時間の流れ

文学作品においても、物理的な時間と比べた時間の長短が巧みに用いられます。

トーマス・マンの長編小説『魔の山』では、主人公ハンス・カストルプが療養所の生活になじんでいくほど時間の進み方が早くなり、徐々にただ漫然と日々を過ごすようになる様子が反映されています。

主人公ハンス・カストルプが、いとこを見舞いに、スイスにある「山の上」の結核療養所に訪れるところから物語は始まります。

結核療養所である「魔の山」には退廃的な雰囲気が流れ、そこで彼はロシア人のショーシャ夫人や進歩的な人文主義者であるイタリア人文士・セテムブリーニなど、山の上の住人に翻弄（ほんろう）されていくのです。

療養所へ到着し、そして療養所でさまざまな人と出会う最初の数日間までにかなりのページ数が割かれています。

本書は第七章までありますが、「山の上」での2日目までを描くのに三章も費やしているのです。そして、その後自身も結核であることがわかり、患者として「山の上」で生活するようになると、一気に時間が進み、第5章までに7か月が経ち、そして第7章では一気に7年もの歳月が流れます。

冒頭、ハンス・カストルプを迎えに来た、いとこのヨーアヒムが言ったセリフも示唆的です。

「三週間ってのは、僕たちここの上の者にとってほとんど無に等しいんだ」
「三週間なんて連中にしてみれば一日みたいなもんだ」

主人公がかつて暮らしていた「山の下（下界）」での時間と、魔の山である療養所で流れる「山の上」の時間は、あきらかに別物であると言えるでしょう。

また、こちらも世界的な名著であるドストエフスキーの『罪と罰』では、本編は時間的に密度の濃い進み方をする一方で、主人公ラスコーリニコフがシベリア送りになるエピローグになると、一気に年単位で時間が飛び、「空白の期間」が際立つようになっています。

物理的時間と心理的時間

われわれ人間が「時間」として認識しているものは、本当に物理的時間でしょうか？

ここまでの例のように、物理的時間を基準にすると、心理的時間が伸び縮みしているように思えますが、物理的時間は結局、時空構造を理論的に説明するために導入された一つの変数に過ぎません。

まだ物理学はおろか、言語さえも存在しなかった時代には、当然現代のような時間の正確な刻みの概念はなかったでしょう。

たしかにその当時も、昼と夜は周期的にくり返し、人間は生まれて数十年で死を迎えていましたが、その大まかな周期の間を時間がどのように進むかは、正確な指針がなかったはずです。

心理的時間を尺度にする

逆に、心理的時間こそが人間にとっての時間の尺度だと思うことにしたらどうでしょうか？

ハンス・カストルプが療養所に到着した密度の濃い１日と、退院する頃の漫然と時の流れる半年は同じ時間（同程度のページ数が割かれている）であり、ラスコーリニコフが老婆を殺した1日と、シベリアで労働をした半年もまた同じ時間になります。

物理的時間でとらえているからこそ、『魔の山』や『罪と罰』では、感情が揺り動かされた出来事と漫然と過ごす日々の年数がページ数の違いとしてあらわれます。

同じように、物理的時間で時間をとらえているわれわれ現代人は、大人と子供とでは出来事の密度が違って、1日の長さが異なるように感じるのではないかと思われます。

仮に、時計という物理的な尺度よりも、出来事の密度が一定になるような時間の尺度を使うようになったら、大人も子供も平等に同じ速度で時間が流れることでしょう。

絵画の中の物理

エッシャーといえば、いわゆる「だまし絵」で有名な画家です。
らせん階段を昇って行ったはずが、いつのまにか再び元の位置に戻っていたり、滝を流れ落ちた水がまた滝の上流側に流れていったりする、幾何学的にあり得ない構造が、観る者の知的好奇心をくすぐります。

世俗的な人気を博してきたエッシャーですが、奇妙な作風ゆえ残念ながら画家の間ではほとんど注目されていませんでした。
しかし、数学に興味を持つ層の間では画面の数学的構造によって高く評価されているそうです。
エッシャーの絵に潜む、数学的な面白さを見ていきましょう。

テッセレーション

エッシャー作品の源流をたどると、「テッセレーション」という技法に行き着きます。

これは、ある形状をすき間なく敷き詰めることで二次元平面をおおい尽くす手法で、単純な三角形や四角形なら自明ですが、より複雑な形状では非自明になります。

単純な図形によるテッセレーション

正三角形による
タイル張り

正方形による
タイル張り

正六角形による
タイル張り

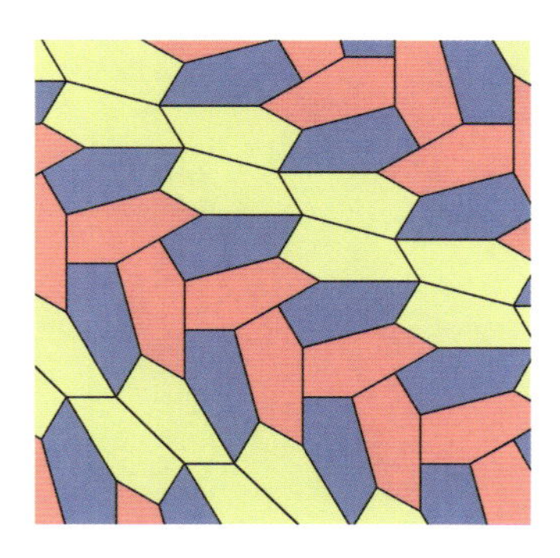

2015年に発見された非自明なテッセレーション。いびつな形の五角形を敷き詰めることができている

Well-definedな（明確に定義された）図形で敷き詰めが可能であるかは数学上の興味深い問題ですが、エッシャーは理屈をひとっ飛びで乗り越えて、早速絵に取り入れます。

空と水 I　1938年

この絵の上から下に向かって視線を移していくと、はじめは明るい空を飛ぶ黒い鳥の群れですが、鳥と鳥の間の形状が徐々に規則性を帯びていき、いつしか魚の形がはっきりと現れます。

同時に、鳥は段々と表面のテクスチャーが省略されていき、やがてただの暗い海へと変化していきます。

鳥と魚という、曲線の多い複雑な形状でテッセレーションが実現できているだけでなく、鳥と魚・空と海・明と暗、相反する３つの概念が滑らかに移り変わるモチーフ的な面白さも相まって、創意工夫にただただ驚嘆する作品です。

平面の敷き詰め

　このように「平面を敷き詰める」という発想は、エッシャーの生涯にわたって貫かれています。
「空と水 Ｉ」は直線的にモチーフが移り変わっていますが、最晩年の「蛇」は中心から外側に向かって放射状にモチーフが遷移していく構造を取っています。

蛇　1969年

「平面の敷き詰め」というと、先ほどの正方形によるテッセレーションのように、縦方向と横方向で考えるのがナイーヴな（直感的な）発想ですが、「蛇」では中心から外側へ向かう向きと、回転する方向の向きの２つの向きを基準にしています。画面上にある蛇は、回転する向きに対して対称的に配置されている＝回転対称性を持たせるようなモチーフの配置になっているのです。

テッセレーションとともに、この「曲がった空間」がエッシャーの作品を特徴づけるもう一つのテーマであることを示しています。

空間の不均一性

「蛇」の例は平面上の対称性を扱っていたため直感的にイメージしやすかったですが、3次元的な遷移になると、状況は複雑になります。

次の「静物と街路」では、手前側の世界（テーブルの上の静物）と奥側の世界（街路）がシームレスに移り変わる構図になっており、あたかも細い建物の一種かのように並べられた本や、広場の噴水のように置かれた鍋のおかげで視覚的な違和感が解消されていますが、明らかに空間の不均一性が生じています。

長さやスケールが明らかに異なる空間同士を無理やり連結させる遊び心が、この作品の面白さにつながっていると

静物と街路　1937年

も言えるでしょう。
（三次元）空間の不均一性を二次元の平面で表現するのは、一筋縄でいくものではありません。

次の「Circle Limit III」は一見、「蛇」と同様に放射状に遷移していくモチーフによる平面テッセレーションのように思われますが、よく見ると分割線の入り方が少し異なります。

この絵は、「2点間の距離」が中心からの距離とともに変

Circle Limit III　1959年

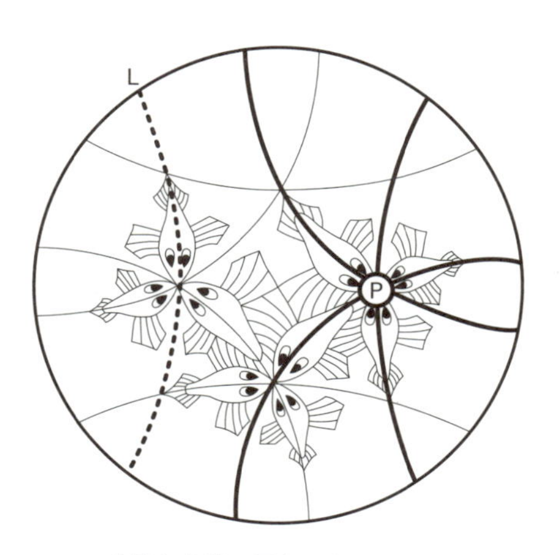

太線と点線は平行になっている

化するような平面で描かれています。

たとえるならば、（地球儀のような）球面上に描かれた模様を平面に投写したイメージで理解できるでしょう。

これはつまり、平行な直線の間の距離がつねに一定であるユークリッド幾何学とは異なる空間ともいえます。

魚の口（点P）に集結する3本の太い曲線は、ある別の曲線と交わることがありません（p.090下図）。

同じ平面上にあって交わることがなければ、それは平行と言えます。つまり、この平面上では、これらの曲線は平行になっているのです。

「Print Gallery」は、空間の不均一性を存分に活用しながら人間の心情や時間の流れも表現した、情緒的な作品です。

描き込まれている建物や柱などのモチーフが空間的に均質であるからこそ、より空間の歪みが際立つようになっています。

このように、不均一な空間を均一なモチーフで分割し、その歪みによる違和感をモチーフそのものへの親近感で解消するという技法を編み出したエッシャーの作品は、彼自身がテッセレーションに目覚めたきっかけとなった、アルハンブラ宮殿に描かれていた上質なアラベスク模様を目にしたときと似た興奮を、私たちに届けてくれます。

『君の名は。』のラストシーンで瀧と三葉がすれ違う確率

皆さんはアニメ映画『君の名は。』を覚えているでしょうか。面識のない女子高校生と男子高校生同士が入れ替わったりタイムトラベルしたりして、最終的に数年後に街でばったり出会う、というストーリーです。

ラストシーンで、主人公の瀧(たき)と三葉(みつは)は隣り合う電車の窓越しにお互いを見つけ、はっとして次の駅で慌てて降りて駆け出し、東京・四谷の須賀(すが)神社で対面を果たします。

街中でばったり出会う可能性は？

瀧と三葉のように、まったく手がかりもない状態で、街中でばったり人と出会える可能性は、現実的にはどれくらいあるのでしょうか。経験上、同じ町で同じ生活スタイルを送っている人であっても、偶然遭遇することはめったにありません。

具体的にあるモデルを立てて計算してみましょう。

ある地域が、縦m個、横m個の、一辺10mの正方形（「区画」）に分割できたとして、2人が同時に同じ「区画」に入ったときに「出会った」と判定できることにします。

歩いている人がこの「区画」を通り過ぎるのに3秒かかるとし、平均的に1日あたり1時間、街を歩き回ると仮定します。するとお互いに遭遇するチャンスは、お互いに1日当たり3600秒÷3秒＝1200回存在することになります。

次に、2人が生活する地域の面積がある決められた値のときに、何日に1回の割合で遭遇することができるのかを求めましょう。

計算の流れは次の通りです。

ある時刻t_kにおいて人物Aが「区画」(x_k^A, y_k^A)、人物Bが「区画」(x_k^B, y_k^B)にいるとして、時刻が進むごとにx-y平面上を縦横に1「区画」ずつ進みます。

ここでのkは時刻を表す添え字で、1から1200（1時間を3秒ごとに区切ったときの「段階」の数）までの値を取ります。

2人の初期位置（x_0^A, y_0^A)、(x_0^B, y_0^B）や、各「段階」でどの方向に進むかは疑似乱数を使ってランダムに決めます。

モンテカルロ法

このように、ひたすら遭遇するかしないかを試していくことによって確率を求める方法は、「モンテカルロ法」と呼ばれる計算手法の一例です。

モンテカルロ法は、サイコロを振るように乱数を使ってランダムにシミュレーションを行うものであるため、試行回数を増やせば増やすほど計算精度は向上しますが、そのぶん計算コストも増大してしまいます。

そこで、計算可能な現実的なラインでこの問題の答えを求めることにしましょう。

三葉と瀧が出会ったと思われる東京都新宿区の面積は18.22平方kmです。

仮に新宿区を正方形だとすると、一辺10mの区画18万2200個分に分割できます。

２人が同じタイミングでこの街を1時間歩き回ったとすると、n=3600秒／3秒=1200です。nは分割した1区画を何区画通るかをあらわしています。1区画を通り過ぎるのに3秒かかり、1時間あたり1200区画ぶんを歩くということになります。

このときの遭遇確率は、1万回の試行回数で計算した結果、0.4%となりました。

すなわち、250日に1回の割合で遭遇することができることになります。

【図1】m=427（18万2200の平方根を取った数字に近しい値）、n=1200のときの計算の一例。碁盤目状に並ぶ「区画」上を、人物A（星）と人物B（丸）が移動していったときの軌跡。青から赤に向かう方向に進んでいく。大きなX印が付けられた位置で2人は出会っている

一般的には、新宿近辺に勤務先があるとしても、別の区から通っている場合が多くあるはずです。そこで、2人の移動範囲が東京23区全体（面積627.53平方km）だと仮定しましょう。

そうなると、1万回の試行回数で計算し、遭遇確率は0.009%。すなわち30年に1回となってしまいました。これではさすがに会えずじまいでしょう。

したがって、皆さんが三葉や瀧に会いたい場合は、

1. 相手と同じ区の範囲内に住む。
2. そして、必ず1日1時間以上、区内の至る場所を歩き回る生活を1年間続ける。

ことによって一度は遭遇できると期待できることになります。

実際に試した方がいらっしゃれば、ぜひこちらまで結果をお知らせください。

並走する電車ですれ違う確率は？

実際の三葉と瀧の出会いは、並走する（すれ違う？）電車の中でした。

朝の通勤時間帯にちょうど電車が並走するチャンスというのは限られているため、仮に毎朝同じ電車に乗る生活を送っていたとすると、より遭遇確率は上げられるように思われます。

もっともシンプルなケースだと、複々線の路線で待ち合わせる電車同士に乗っていると、駅を同時に発車してしばらく並走することが確実になります※1。

しかし、それではあまりにも自明なので、三葉と瀧のよ

うに、中央線の快速電車と各駅停車の場合に限定して考えましょう。

中央・総武緩行線（以下、総武線と呼ぶ）の信濃町―千駄ケ谷駅間では、北側に中央快速線の上下線が並行しており、この区間はあまり高速運転をしない中央快速線と並走することがよくあります。

したがって、総武線の中野方面行き電車が信濃町駅を発車した直後に中央快速線が信濃町駅を通過するような前後関係になっていれば、十秒程度にわたって両者がぴったり並走する状況が生まれることになります。

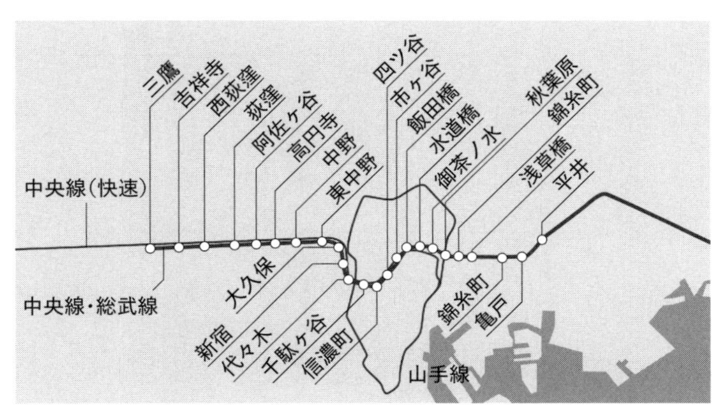

【図2】中央快速線の四ツ谷駅と総武線の信濃町駅周辺の路線図

2024年11月現在で、平日朝のラッシュ時に信濃町駅を中野方面に発車する電車の時刻は次の通りです。

時	分									本数
6	02	13	22	31	39	48	55			7
7	00	07	12	16	21	25	30	34	38	17
	41	44	46	49	52	54	57	59		
8	02	05	07	10	12	15	17	20	22	26
	25	28	30	33	35	38	41	43	45	
	48	50	53	55	58					
9	01	05	08	12	16	20	24	28	32	15
	37	41	45	49	53	57				

【図3】信濃町駅を中野方面に発車する総武線電車の時刻

同様に、中央快速線の四ツ谷駅高尾方面の平日朝の時刻表を抜粋すると次の通りです。

時	分							本数
6	03	13	20	25	31	37	41	9
	46	55						
7	01	05	10	12	16	24	28	15
	31	37	39	41	45	50	53	
	56							
8	01	03	05	07	10	12	15	26
	17	20	22	24	26	28	31	
	33	35	37	39	42	44	46	
	49	51	53	55	57			
9	00	02	04	07	11	15	17	21
	19	22	24	26	28	31	33	
	36	40	45	47	50	52	57	

【図4】四ツ谷駅を高尾方面に発車する中央快速線の時刻表

中央快速線と総武線がすれ違う組み合わせ

中央快速線が四ツ谷駅を発車して信濃町駅を通過するまでにかかる時間は約１分16秒です※2。通過時の速度は、ここでは $v = 90$ km/h 程度だと思うことにしましょう。

また、総武線が信濃町駅を発車して最高速度に到達するまでの時間はおよそ $t = 30$ 秒です。最高速度が同じ v だとすると、加速度はおよそ $a = v/t$ ということになります※3。

発車してから最高速度に到達するまでに移動する距離は $x_\iota = \frac{1}{2}at^2$ で求められます。

同じ時間で快速線が進む距離は $x_\gamma = vt = 2x_\iota$ と、総武線の２倍になるため、総武線が信濃町駅を発車した15秒後に同駅を通過した快速線があれば、その２本の電車はちょうどタイミングよく並走することになります。

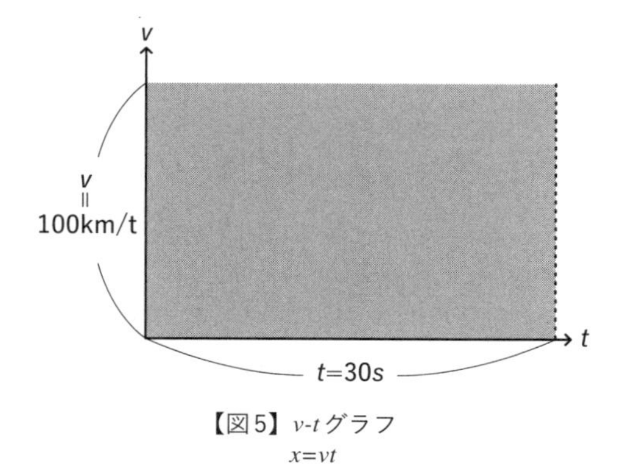

【図5】v-t グラフ
$x=vt$

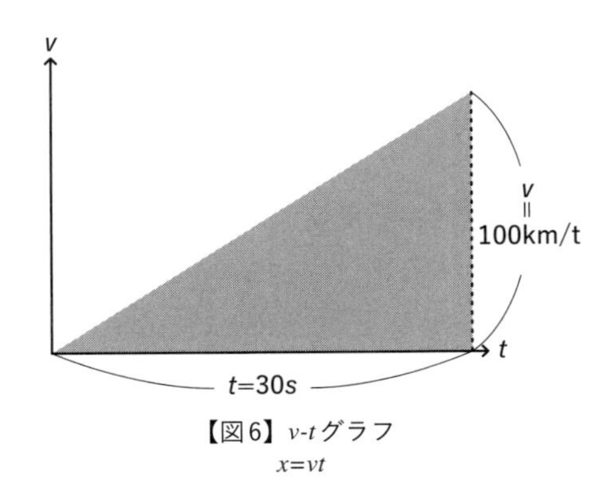

【図6】v-tグラフ
$x=vt$

上記をまとめると、中央快速線が四ツ谷駅を発車したちょうど１分後に信濃町駅を発車する総武線があれば、並走することになります。そのような組み合わせを取り出すと、次の通りになります。

時	総武線信濃町駅発車時刻	中央快速線四ツ谷駅発車時刻
6	該当なし	該当なし
7	25　38　46　57	24　37　45　56
8	02　25　38　43 45　49　58	01　24　37　42 44　49　57
9	01　05　08　12 16　20　32　37 41　53	00　04　07　11 15　19　31　36 40　52

【図6】中央快速線と総武線が並走する組み合わせ

三葉と瀧がいずれも６時台から９時台の電車を自由に選べると仮定すると、総武線を利用する三葉は62本の選択肢が、中央快速線を利用する瀧は71本の選択肢があります。したがって、２人が乗る電車の選び方は62×71＝4402通りあります。

その中で、電車が並走する組み合わせは21通りです。

したがって、並走する電車に乗れる確率は

$$\frac{21}{4402}=0.48\%$$

になります。

これは、年間で200日電車通勤をすると仮定すると、およそ年に１回の割合で遭遇できるということになります。

２人の電車が並走する確率は？

より現実的に考察してみましょう。

毎日出勤時間は決まっていて、選ぶ電車は特定の時刻の前後15分以内に入る電車に限定されるとすると、「日々の出勤時間」に応じて遭遇確率が変動することになります。

２人の出勤時間がちょうど被っている（並走する電車に乗れたら出会えるタイミング）とすると[※4]、三葉が信濃町駅を何時に出発するかに応じて並走確率を割り出すと、次の通りになります。

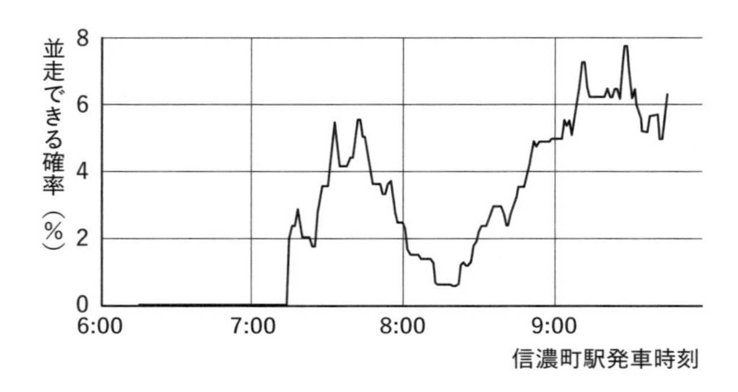

【図7】総武線を利用する三葉が、信濃町駅を出発する予定時刻（ただし、実際の出発時刻は前後15分のばらつきがある）に応じて、快速線が並走する確率

たとえば8時前後の場合は、7時45分から8時15分の間に信濃町駅を発車する緩行線は12本、通過する快速線は11本のため、乗車しうる電車の組合せは12×11=121通りになります。その中で、並走する組み合わせは3通りです。

したがって、並走する確率は3÷121=0.02479…≒2.5%となります。

ここから、いくつかのことがわかります。

まず、7時15分より前の時間帯では、並走することはできません。

その次に確率が低いのは8時20分ごろで、0.59%、すなわち170日に1回、つまりだいたい1年に1回の割合になります。

たとえ同じ時間帯で選ぶ電車に偏りがあったとしても、前後15分の範囲でランダムに選んでいる限りは、数年以内には出会えることになるでしょう。

したがって毎朝同じルートを同じタイミングでたどっている限りは、遭遇確率は低くても数年に１度と、さほど奇跡的ではないということがわかります。

1. 相手と同じ時間帯に乗車するようにする（ただし、相手が下り方向の中央快速線に乗って通勤し、しかも信濃町駅を7時15分以降に通過する電車を利用することが前提）。
2. 前後15分の電車をランダムに選んで１、２年同じ生活を続ける。

この条件を満たすことによって、あなたは確実に相手と「三葉と瀧」ごっこをすることができます。ぜひ検証結果をお寄せください。

※１　たとえば、小田急線成城学園前駅の各駅停車と急行電車、京王線笹塚駅の京王線と都営新宿線、東武東上線和光市駅の東武線急行電車と東京メトロ線直通電車などが有名です。

※２　車窓風景を撮影しているYouTube動画から、目視で計測しました。

※3　実際には、電車の加速は等加速度的ではないですが、駅間の一部でも並走すればよいと思えば、多少粗い計算でも許されるでしょう。また、電車の運行時刻は実際には5秒や10秒の単位で定められていますが、そこまでの具体的な情報はわからないため、公開されている時刻表はすべて0秒の発車時刻だと思うことにします。

※4　よくよく考えると、このことがそもそも前提でなければ、遭遇する可能性は極めて低くなります。9時出勤の人と13時出勤の人は何年経っても出会えないでしょう。

鏡映反転

「鏡の中の世界は左右が反転している」
　誰もが一度は戸惑いを覚えた事実ではないでしょうか。いま手に持っているこの本を、鏡に映してみてください。文字が反転しています。しかも奇妙なことに、鏡の中では、左右は反転しているのに上下は反転していません。いわゆる「鏡映（鏡像）反転」と呼ばれる現象です。
　これはいったい、どういうことなのでしょう。なぜ上下は反転しないのに、左右だけが反転しているのでしょうか？　さらに、左右の反転を解消し、自分の本当の姿を見ることはできるのでしょうか？

鏡を見たときどうなっているか（高校の復習）

　まずは、鏡で自分の顔を見たときの光の進み方と反射について、復習しておきましょう。

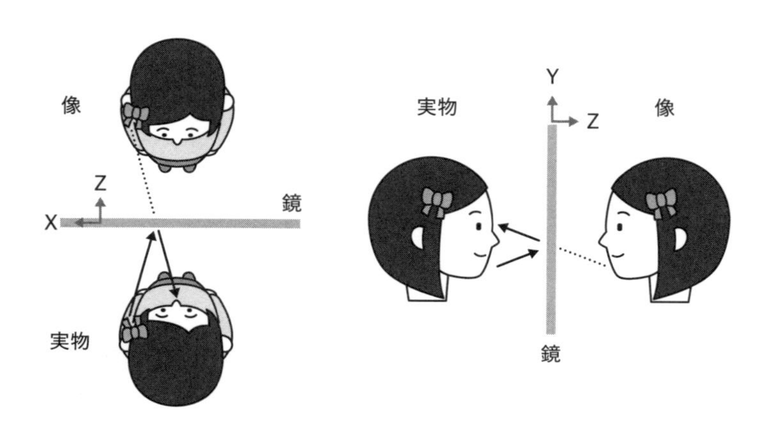

図はそれぞれ縦と横を示す。体のある部分から出た光線が、鏡で反射して目に入る様子。のちの説明のために、XYZ座標の方向を定めておく

平らな鏡に光がある角度で入射したとき、光は鏡面で反射して同じ角度で出ていきます（実線）。このように飛んできた光を目でとらえたとき、脳は「光はまっすぐ進むもの」と思うため、あたかも鏡の向こう側から光がやってきたものと錯覚します（点線）。

目を上（下/左/右）に向けると、この原理で自分の顔の上（下/左/右）を見ることができるわけです。つまり、私たちが鏡を見ているときに実際に見ているのは鏡の向こう（奥の世界）ではなくこちら側に立っている自分であって、鏡面での光の反射を利用して見ていると言えるでしょう。

当然、実際に人が向こう（奥の世界）にいて、それを見ているわけではありません。ですが、われわれは、なぜか「向こうの世界を見ている、あたかも地続きである」かのように脳が錯覚しているのです。地続きというのをくわしく言えば、たとえばこちら側にいる私が指さした方向で、そのまま鏡を突き破って向こうの世界でも同じ方向を指すと思っている（錯覚している）、ということです。

この前提でろうそくを鏡の前で前後に動かしてみると、ろうそくをこちら側で前に動かしたら、当然鏡の向こうの世界でも同じ向きに動くはずです（前に動かすと奥側へ行くはず）。

しかし、実際にやってみると、ろうそくは逆向きに動きます。

つまり、鏡をへだてて、こちらとあちらの世界は前後が逆になっているのです。

前後ではなく上下左右で同様に動かすと、上下左右はちゃんと連動して同じ方向に動くので、上下左右はこっちとあっちで“地続き”のままと言えます。

ここからわかるとおり、「実物」の自分と「鏡像」の自分の関係は、厳密に言えば上下も左右も逆になってはおらず、鏡面を基準とした前後だけが逆になっていると言えるでしょう。

鏡の中の自分にとっての上下左右

では、前後だけが逆になっているはずの状況で、なぜ左右が反転しているように見えるかといえば、「鏡の中の自分にとっての上下左右」を考えているからです。

より正確に言えば、「自分の体の前後を逆にする」という操作は直感的にイメージすることができないため、代わりに「自分が180度回転して前後を逆にする」という操作を脳内でとっさに行なってしまい、その結果左右が反転していると誤認するためです。

前者を無理やりたとえるなら、強風でひるがえってしまった傘を考えてみてください。

自分の体がこのように反転してしまう状況を考えれば、相当猟奇的なイメージになるでしょう。ちなみに、なぜ脳内で前後を逆にする操作を勝手に行うのかは、わかっていないようです。

ちなみに、東京大学の研究では、鏡に映った自分が左右で反対になっているとは感じない人が、じつは３～４割もいるそうです※。

どちらにせよ、このことは心理学的な問題にも重なり、突き詰めすぎると「鏡を一度も見たことのない人が鏡を見たら自分の姿がどう見える？」というような思考実験に姿を変えてしまうため、このあたりでとどめておきましょう。

※東京大学プレスリリース「鏡の左右逆転　１種類ではなかった」
https://www.u-tokyo.ac.jp/focus/ja/press/p01_191101_01.html

鏡の反転を数学でとらえると

数学的には、「ある面を基準とした反転」(鏡映)や「ある軸を基準とした回転」(回転)といった操作は、「ユークリッド群」と呼ばれる特殊な群構造の一部になっています。

これのもっとも直感的な帰結として、「偶数回の鏡映は回転であらわすことができる」ということが知られています。

複数回の鏡映はイメージしにくいため、XYZ直交座標を定義して考えましょう。

空間内のある点(x,y,z)に注目することにします。

そして、平面x=0を基準とした鏡映をMx、そしてy平面、z平面についても同様にMy、Mzと定義します。

さらに、x軸を中心とする180度回転をRx、y平面、z平面についても同様にRy、Rzと定義します。

これらMx、My、Mz、Rx、Ry、Rzが、xyz空間があったときに、変換をしたらどう変わるかを確かめると、

Mx：(x,y,z)→(-x,y,z)

これは「Mxを変換したら点(x,y,z)がどこに移りますか」という意味になります。

My以降も同様に考えると、

My：(x,y,z)→(x,-y,z)
Mz：(x,y,z)→(x,y,-z)
Rx：(x,y,z)→(x,-y,-z)
Ry：(x,y,z)→(-x,y,-z)
Rz：(x,y,z)→(-x,-y,z)

となります。たとえばRxは、X軸のまわりに回転させるからX座標は同じで、そのまわりをぐるぐる回っている状況です。

3次元だとイメージしにくい人は、まずは2次元で考えてみてください。
たとえば、点(x,y)を軸x=0で反転すると点(-x,y)に移り、原点を中心に180度回転すると点(-x,-y)に移ります。

偶数回の鏡映は回転であらわすことができる

これを踏まえて、上記の「偶数回の鏡映は回転であらわすことができる」を具体的に確かめてみましょう。

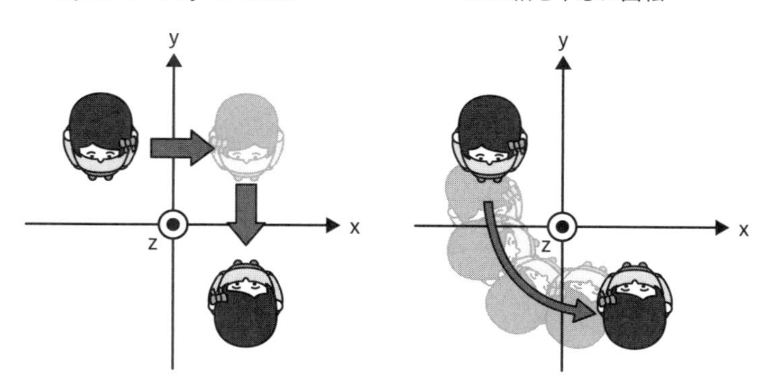

左：X=0、Y=0の2つの面で鏡映反転したときに、どの位置に移動するかをあらわした図
右：Z軸を中心に180度回転させたときに、どの位置に移動するかをあらわした図

たとえば、

MyMx：(x,y,z)→(-x,-y,z)

MyMxはMxという操作と、Myという操作を続けざまに行うことをあらわしています。

すると、MyMxとRzが同じ位置になりました。つまり、「偶数回の鏡映MyMxは回転Rzで表すことができる」と言えます。

ほかにも、具体的に書き出していくと、次のような関係式が成り立ちます。ちなみに、xyzはベクトルで、MやRは行列をあらわしています。

MzMy=Rx

MxMz=Ry

MzMyMx=MzRz

Mz = MyRx

Mz = MxRy

3つ目で行っているMzMyMxの変換の式は、物理において重要な、空間を反転する「パリティ変換」の性質をあらわすものです。初めに述べたとおり、人間は180度回転を自然とイメージできるため、しばしば「パリティ変換」と「鏡映」は似たようなイメージのものとして語られます。

Mz = MxRyの式を図にすると、下記のようになります。

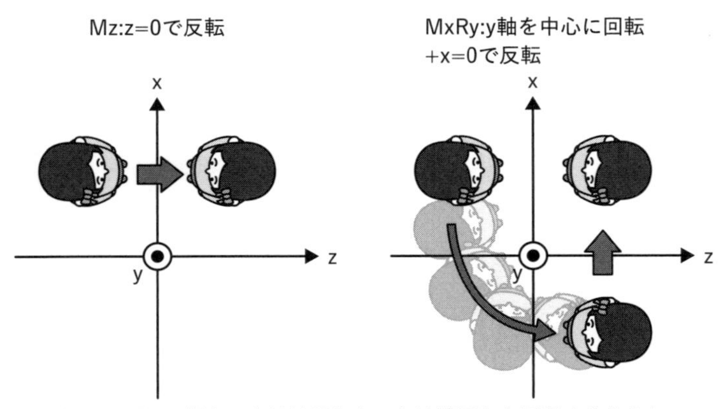

Mz=MxRyの場合。左は鏡写しを、右は鏡写しを再現するような別の操作。鏡映が回転で置き換えられることをあらわしている。左と右で結局同じ操作になる

左図は平面z=0を基準とした鏡映を、右図は軸y=0を基準とした180度回転の後に平面x=0を基準とした鏡映を行った場合です。

これはまさしく、最初に見た「鏡で体の左右が反転して見えてしまう」現象そのものです。

Mz＝MxRyの式の左辺のMzは鏡で自分の体が像に移り変わる変換で、右辺のRyは私たちが脳内で勝手に補完している180度回転、そして右辺のMxが、私たちが「左右が反転している」と感じてしまう違和感です。

ちなみに、「なぜ上下は反転しないのに、左右だけが反転しているのか？」という最初の問いは、数学的操作だけみれば左右である必然性はなく、「上下反転」と解釈することもできます。下記の数式であらわせます。

Mz=MxRy

であると同時に

Mz=MyRx

Mz＝MxRyは左ページの図のような操作にあたり、Mz＝MyRxの式はx軸に対して回転を行った（Rx）あとにY＝0軸の鏡で反転する操作（Mx）をあらわします。Rxは頭が下で足が上になる＝「上下反転」の状態です。

しかし、人間の意識では「上下反転」とは解釈できないため、やはり左右だけが反転しているように見えるのです。

鏡で「本当の」自分の顔を見るには？

鏡で本当の（左右反転していない）自分の顔を見るには、「左右反転してしまっている」という違和感を引き起こすMx（鏡映の操作）をどうにかして消せばいいことになります。

言い換えれば、鏡映は人間が理解できない操作であり、この操作がなければ直感的に理解できるということです。

ただし、「本当の自分の顔」とはいっても、原理的に鏡やカメラを使わずに自分の顔を直視することは絶対にできないため、厳密な意味で自分の顔をそのまま見ることはできません。

「自分の姿だけは絶対に見ることができない」というのは物理的にも明らかに特殊な事例であり、自己からはどうやっても逃れられないという「自己と他者」にまつわる哲学的問題においても重要な点であると考えられますが、ここでは踏みこみません。

鏡を２枚使うと左右反転の問題は解消できるが……

「鏡映は偶数回くり返すと、回転に置き換えられる」という事実を思い出すと、何かしらの鏡映をもう一つ加える、すなわち、鏡を２枚使えば、左右反転の問題は解消できることになります。

　ただ、これは言うほど単純なことではありません。

　2枚の鏡を向かい合わせに配置するいわゆる「合わせ鏡」を使うと、鏡での反射が複数回起こりますが、よくよく考えると光が目に到達するまでに鏡面での反射が起こる回数は奇数になります（たとえば、自分の手を見る場合、手から目に至る光線は「手」→「前の鏡」→「後ろの鏡」→「前の鏡」→「目」という経路をたどり、鏡での反射は3回になってしまいます）。

　では、別の方法を考えてみます。自分の正面と左側に鏡を置き、左の鏡に映る像が目の前の鏡に映りこみ、それを見ると反射は2回になりますが、この方法で見ることができるのは結局自分の横顔になってしまいます。

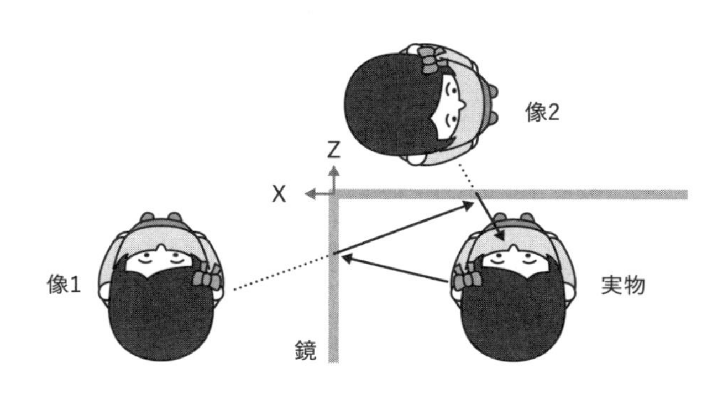

これでは結局見られるのは自分の横顔のみ

しかし、こんなに古典的な問題にまだ解がないはずはありません。実用の面では、すでに「レトロリフレクター」や「リバーサルミラー」といって、偶数回の反射を利用して自分の本当の顔を見る器具が発明されています。これは、2枚の鏡を直角に合わせたもので、真正面から見ると光線が両方の鏡に反射して目に到達するようになっています。

正面から見なければ機能しないという欠点はありつつ、「偶数回の反射」を利用した巧妙な仕組みです。

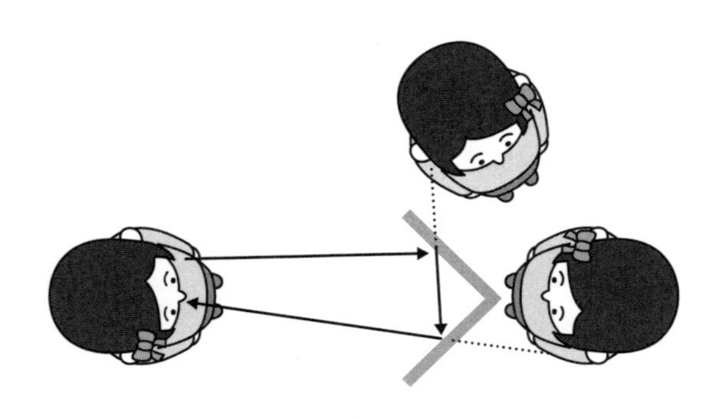

「偶数回の反射」を利用して、自分の本当の顔を見ることができる

人間の顔は、左右対称であればあるほど綺麗に見えると言われています。たしかに俳優やアイドルの写真を見ると、顔がかなり左右対称に近い人が多いことがわかります。対称性を破りたい自然と、対称性を回復させたい人間の攻防戦はこれからも続きます。

理論物理学と実験物理学、あなたはどちらが向いている?

あらゆる科学は、観測事実をもとに仮説を立てて、それを実証ないしは反証することで進歩してきました。

リンゴをふくめ、あらゆるものは手から離すと地面に落ちることから、質量を持つ物体同士は引力を持つという仮説を立て、それが極微な中性子でも巨大な天体でも成り立つことを観測しました。すでに知られている粒子とは反対の物質を持つ粒子の存在があるはずだという仮説が立てられ実験が行われた結果、実際に反粒子(陽電子)が発見され、素粒子物理学の発展に寄与しました。

理論と実験を分ける

このように、実験と理論の両輪で進むのは物理学も一緒ですが、いつしか、別々の研究者がそれぞれ分担して行うようになりました。

かつては、理論と実験を分ける文化はありませんでした。

現在でも、独力で行える範囲のことであれば、理論も実験も両方扱う研究者は少なくありません。しかし、素粒子物理学や宇宙物理学のように、実験が大がかりなものや（数千人規模で、10年単位で一つの実験をする）、原子核物理学のようにスーパーコンピューターを駆使して複雑な計算をする分野では、一人の研究者が両方を扱うわけにはいかず、理論物理学と実験物理学で分かれるようになりました。

研究者が理論物理学と実験物理学のどちらを選択するかの分かれ目は、大学院に進学し研究室を選ぶタイミングで訪れます。多くの場合は、研究室ごとに実験系・理論系で分かれており、研究室を選択すると自ずとどちらかに決まります。私は実験系の研究室だったので理論系の研究室ではどのような生活を送るのか、想像するしかできませんが、ほとんど研究室に姿を現さず、多くの時間を費やしてさまざまな研究機関に出向き、世界各国の研究者と交流している傾向が多いように思います。

ここからは、あなたが実験系と理論系のどちらに向いているかを知るべく、大幅に偏った視点から選択のポイントを挙げていきます。

実験系に向いている人の特徴
①はんだ付けが上手い

結局はこれに尽きます。今の時代、電子回路を扱わない実験系研究室はないと言ってもいいでしょう。特に物理では装置を自作することが多いので、はんだ付けが下手だとそれだけで時間もお金もロスします。仮にはんだ付けをしないとしても、実験装置を扱ううえでは何らかの手先の器用さが要求されます。ちなみに私は、慢性的に手が震える（本態性振戦）体質のため、細かい作業は圧倒的に苦手です。

②どちらかというと常識人である

実験はチームプレイです。組織に所属し、自分の役割を果たすには、ある程度の社会常識や社交性が必要です。そして、私をふくめ、研究者は常識に欠けることが多いため、チームワークを成り立たせるのは至難の業（わざ）です。

③体力がある

実験はときに、何時間も休憩なしで続いたり、夜を徹して行われたりします。その中でも、正常な判断力を保たなければなりません。また、コミュニケーション能力や社会常識の足りない人たちによるチームプレイのため、「いまそれはいいだろう」という余計な問題提起が行われて、それを検証するために大幅なロスタイムが発生するといった、理不尽なことが多々起こります。体力とともに、精神力も必要です。私は貧相な見た目をしており、体力・精神力のなさには定評があります。

理論系に向いている人の特徴
①実験をすることが嫌い

　実験なんてボタンを押したりネジを回したりするだけで、無意味で苦痛な時間だ。そう思われる人は、間違いなく実験系はやめておいたほうがよいでしょう。

②ヨハン・セバスティアン・バッハを愛してやまない

　そもそも音楽が好きかどうかはさておき、バッハの音楽のような抽象的な構築物を心から愛せるならば、理論物理学における構造的な美しさを享受できることでしょう。そこには時間やお金といったつまらない足枷（かせ）はなく、純粋に物理学を研究できる世界が広がっているはずです。

③できることなら布団の中で仕事をしたい

　計算をするならコンピューターがあればできるので、実験系に比べて研究室に出向かなければならない必要性は低くなります。場所や時間に縛られない暮らしが比較的しやすいでしょう。その代わり、さまざまな研究者と議論を交わしたり、研究会を開催したりするのも理論系の研究の一環なので、社交性が必要ないわけではありません。

いかがでしょうか。現代ではこれまで分離していた物理学の諸分野、さらにはほかの自然科学の分野との横断的な研究が流行の兆しを見せており、理論・実験という分け方が適切ではなくなる時代が訪れるかもしれません。

間違いないのは、時代が進むごとに研究者に求められるスキルが増え、それに応じて役割が細分化されていくということでしょう。

音楽における映え

これまで数多く作られてきた楽曲の中には、いわゆる「人気の高い曲」と「そうでもない曲」が存在することは否定できません。

楽曲の人気が高まる要因として、「曲が多くの人にとって親しみやすい」「歌詞が良い(歌詞のある作品の場合)」「人気のドラマやCMなどで使われていた」などが挙げられますが、残念ながら純粋に楽曲の良さと人気が対応しない場合(いわゆる「隠れた名曲」)も多々あることは、誰もが実感するところです。

ここでは、独断と偏見に基づき、実際の楽曲例を取り上げながら、「映える音楽」のカラクリに迫ってみます。

物理との関連性は……数学的に音楽を分解し、要素還元主義的に音楽を見ている(とらえる)ところでしょう。ぜひ筆者自身が演奏した音源を聞きながら読んでみてください。

「誰もが認める名曲」について

歴史的に愛され続け、現在もなお名が廃れることのない作曲家といえばモーツァルトではないでしょうか。

中でも、特に親しまれているピアノソナタK.545は、だれもがいちどは聞いたことのある曲だと思います。

世の中には、モーツァルトが嫌いな人も存在します。単純で能天気な曲調が、まるで脳内お花畑のようだ、というわけです※。

その意見にも一理あるように思います。ではなぜ、一見この単純極まりないように聞こえる音楽が、ここまで魅力的なのでしょうか。

K.545の１楽章をくわしく追いながら、その理由を解説していきましょう。

※しかし、これは多くの場合、真剣に楽曲に向き合っていない不勉強さに由来する見解だと考えます。なぜそう思うかというと、自分もかつてはそちら側だったからです。

譜例１

「ドーーミーソーシードレドー」から始まる特徴的な第一主題。
記事の譜例はいずれもIMSLP（https://imslp.org/wiki/Main_Page）から引用。各譜例の右上にあるQRコードから音源を聞けます。

曲はいきなり第一主題の提示から始まります。

主題はいくつかの部分で構成されていますが、この4小節の旋律を観察すると、1小節目は主調3和音を2:1:1のリズムで分散した動機（メロディの最小単位）、2小節目は付点リズムで導音から主音に戻る動機です。

3小節目、4小節目ではこれらのリズム的動機が模倣されており、すでに「くり返しを主体とした音楽形式」に基づいていることがわかります。

この手法を用いることで、聴衆はこの一見機械的な主題も耳に残るようになるのです。

譜例2

上昇音形だった第一主題（譜例1）に対して下降音形になっている

ソナタ形式は第一主題と第二主題の対立構造を基としています。この曲の第二主題は定石通り、第一主題に対して属調で書かれており、音の刻みが細かく、上昇音形だった第一主題に対して下降音形になっています。

さらにこの旋律をよく見てみると、ト長調の三和音を下降するような分散和音（1小節目）と、付点リズムで主音から導音につながる動機（2小節目）から成り立っています。
すなわち、第一主題とまったく同じパーツを裏返したような動機から成り立っているのです。

ほぼ同じ動機から作られているにもかかわらず、第一主題と第二主題は強い対比を印象付けられます。
これらの音形を、主音との関係性で観察すると、第一主題の場合は主音から離れて、再び戻ってくる音形です。
すなわち、「もっとも安定する音」である主音からの振動になっています。これに対して第二主題では、属音から主音に近づき、そのまま素通りして導音に向かいます。
つまり、「不安定な音」から「不安定な音」へと至る旋律になっており、第一主題に対して「落ち着かなさ」を感じさせるような演出になっていると言えます。

名曲である理由❶「必要最小限の要素」

ここに、名曲が名曲であるゆえんの一つ目を見ることができます。
つまり、音楽の構成要素が必要最小限の素材から作られていて、それをどのような形で、どのような文脈で提示するかで楽曲の対立構造を作り出している、ということです。
ただ脈絡なく、思いついた良い素材を並べるだけでも曲を作ることはできますが、その素材に魅力を感じられるか否かで曲の評価が左右されてしまい、ともすれば作曲者の独りよがりになってしまいます。

無味乾燥な素材をさまざまに調理して曲を構成することで、聴衆の共感力頼りではなく、論理的な説得力を持つようになるのです。

さて、ピアノソナタK.545の魅力はまだまだあります。次の2つの場面を見てみましょう。

譜例3

提示部を閉じる場面。ト長調の明るく朗らかな旋律

譜例4

譜例3をそっくりそのままト短調でコピー＆ペーストしている。しかし、短調らしく暗い

譜例３は提示部の最後、譜例４はそれに続く展開部の冒頭です。

明るく朗らかな提示部を閉じる前者の旋律はト長調ですが、これをそっくりそのままト短調でコピー＆ペーストしたものが後者です。

これはじつに衝撃的な瞬間です。その衝撃を増長しているのが、提示部を閉じる動機が使われているという点です。

定石通りの展開部であれば、第一主題をト長調やト短調に移調した旋律から開始してもいいでしょう。実際、モーツァルトが敬愛したヨハン・クリスティアン・バッハのソナタや、ベートーヴェンと同時期を生きたイグナーツ・モシェレスのソナタなど、多くの（残念ながらあまり知名度の高くない）作品ではこの手法が使われます。

しかし、この手法の場合、第一主題の原型をよく覚えていないと、それとの対比を認識することができません。あまり特徴の強くない第一主題の場合だと展開部が始まったことに気が付かず、曲全体が漫然と進んでしまうことにもなりかねません。

名曲である理由❷「ドラマチックな場面転換」

今回のモーツァルトの場合、直前に聞いたフレーズとの対比になるため、明らかに「何か様子が変わったぞ」と誰でも気が付くことができます。しかも、４和音の速い分散和音から作られる動機であるため、短調のフォルテで演奏されることで自動的に激しさが演出され、より提示部との対比が際立つという、お得な作りになっています。
　ここに、名曲が名曲である２つ目の理由があります。
　つまり、聴衆の意表を突くドラマチックな場面転換を、可能な限り対比を強調して配置するということです。とりわけ後半の、いかに効果的に対比が強調できるかがカギで、初めての聴衆にも理解できるような平易さ（これは理由❶にも通ずることですが）を心がけることが重要になっていきます。

譜例５

楽章のクライマックスで、「五度圏を階段のように駆け降りる」場面

名曲である理由❸
「ここぞという瞬間に、ありきたりなフレーズを入れる」

　この部分がこの楽章のクライマックスでしょう。展開部中盤の、いわゆる「五度圏を階段のように駆け降りる」場面です。

「音楽を数学で理解する（p.157）」で考察したように、音楽における一つの「近さ」に、五度音程の関係性があります。調性音楽では、しばしばこの近い関係にある五度の調を行き来する動きが用いられますが、ある調から五度隣の調に移動したあと、元の調に戻る以外にも、さらに五度隣に移調する動きをすることもできます。

調性（ある主音、主和音に基づいて成り立っている場合、その主和音に基づいて成り立っている場合、その音組織・秩序）追加によって対称性が破れ、この動きを次々とくり返して、どんどん元の調から離れるような動きをすることができ、その使いやすさからある種の「常套句」のような位置づけになっています。

あまりにもありきたりな「五度圏」の移動は、裏を返せば誰にとっても理解でき、共感できる音形でもあります。

モーツァルトは、ここまでの論理的な展開や演出テクニックをすべてかなぐり捨てて、誰にでもわかる「お涙ちょうだい」ポイントを放り込むのです。

これが名曲の3点目、「ここぞという瞬間にありきたりなものを放りこむ」ということです。

音楽は長大で複雑な論理展開に他なりませんが、聴衆が全員その内容をすべて理解できるとは限りません。途中で置いてけぼりになってしまった人が曲の流れに戻ってくることができるポイントとして、この「ありきたりなフレーズ」というのは時に強い効果を発揮します。

譜例６

３小節目の４拍目のF6が、この曲でもっとも高い音

数あるモーツァルトの曲の中でも、K.545が特別である理由は、この再現部のつくりにあります。

本来、再現部は提示部をなぞるように進んでいき、第二主題の調を主調にすることにより楽曲を主調で終わらせるようにします。

しかし、この曲は再現部の第一主題を、下属調から始めるのです。なぜあえてこのような特殊なことを行ったのかはモーツァルト本人にしかわかりませんが、弾いていて感じる魅力は、まるで音が天から降ってくるようなきらめきです。

ピアノの高音部の音は、よく「キラキラ」とした音と表現されます。この再現部の第一主題は楽章冒頭に比べて四度高く、そのときの音響を期待して聴くと、暗く激しかった展開部を脱して、突如別世界に飛び込んだかのように感じる、いい意味で裏切られる瞬間です。

作曲が上手いモーツァルトのことであれば、別にヘ長調のようにハ長調に近い関係性の調でなくてもよかったのではないか？　という疑問が生まれるかもしれません。

実際、この少し前に書かれているロンドK.485も、ソナタ形式でありながらさまざまな調を経由し、見事に主調にさりげなく戻ってくることができています。

これもあくまで推測ですが、あえてヘ長調を選んだ理由は、当時のピアノの音域が関係していると思われます。当時のピアノの典型的な最高音はF6だったと言われています。このモーツァルトの主題でもっとも高い音は、譜例6の3小節目の4拍目のF6です。

当時は生演奏が当たり前の時代、鍵盤の最高音を弾く瞬間は曲の一つのクライマックスとして、視覚的にも効果があったことでしょう。

これもまた、名曲が名曲であるゆえんの一つ、楽器の音響特性や、演奏時の視覚的情報などにも配慮して、総合芸術として楽曲が設計されている好例です。

現代のグランドピアノの最高音域は響きが悪く、楽曲中で使われるケースが少ないのは残念なことです。

以上の考察をまとめると、名曲を作るための秘訣は

1．必要最小限の要素をあらゆる方法で発展させることで楽曲が構成されていること。
2．ドラマチックな場面転換が効果的に演出されていること。
3．絶妙なタイミングでわざとありきたりなフレーズを挿入すること。
4．音の並びだけでなく、演奏を考慮した総合芸術として作品が仕上げられていること。

がバランスよく配分されていることであると私は考えています。

物理学会の はなし

「日本物理学会」という言葉に聞きなじみのある人は少ないでしょう。
　国内のほとんどの物理学研究者や大学院生が加入する団体である「日本物理学会」では、年に２回の大会が行われます。
　１回はすべての領域を対象とする「年次大会」で、もう１回は分野ごとに別々で開催するもので、いずれも会員が所属する大学で持ち回り制です。直近の第79回年次大会は北海道大学で行われました。
　学会は、いくつかのシンポジウムを除けば、すべて10分間のプレゼンテーションで構成されており、その後５分間の質疑応答で会場の聴衆とやり取りをします。
　研究の規模の大小によりますが、たいていは研究グループの学生や若手研究者がグループを代表して講演を行い、質疑応答で交わされる議論によって外部からの新しい視点に触れる機会となります。
　物理学会は理論核物理、宇宙物理、素粒子実験など、「物理」に括られるあらゆる分野が参加し、聴衆の多くは自分が関わる分野の講演を聞きに行くため、講演を行う教室は分野ごとに10箇所程度に分かれています。

さらにそのくくりの中でも近いトピックごとにセッション分けされて、4日間に渡って午前・午後の8セッションが行われます。

ある特定の分野に興味がある人は、期間中ずっと同じ部屋で同じテーマについて聴講することもできますし、複数の分野の特定のトピックに興味がある人は、事前に公表されるプログラム表を頼りに細かく教室を移動します。

現地開催の学会はこれに加えて、開催地の観光という重要な要素が加わります。普段なかなか遠出できないぶん、講演後や空いた時間に遊ぶのもちょっとした物理屋にとっての楽しみです。このこともあってか、北海道や沖縄といった有名な観光地で物理学会が開催されるときは、相対的に参加者が増えるという噂も、まことしやかにささやかれているのだとか。

東大生はピアノを習っている人が多い？

巷の受験情報やニュースコラムには、しばしば東大生の生い立ちにフォーカスした記事が見られます。
バラエティー番組では現役東大生を面白おかしくイジり、「東大生は我々（マジョリティー）とは異質の存在」というイメージを聴衆に植え付けようとしているかのようです。
しかし、残念ながら東大生のほとんどは普通の人間です。一部の超天才や超変人を除けば、日々真面目に努力してなんとか生活している、普通の人です。

それでもなぜ、「東大生の異質性」がこれほどまでに世間に流布しているのでしょうか？　その問いの答えには、われわれが普段いかにあいまいに、統計やデータを見ているかがあらわれていると思われます。

sampling bias

統計の用語に、“sampling bias”というものがあります。
ある集団のある傾向を調べるために、母集団全体を調べ尽くすのはあまりにも数が多いため、その中からランダムに抽出した集団を調べる、というのが統計分析の常套手段ですが、その際の抽出の仕方が「どれほどきちんとランダムになっているか」が結果を大きく左右します。

また、別の用語に、「疑似相関」というものがあります。

ある集団において2つの統計量が正の相関を持っていたときに、そこに因果関係があると誤って結論付けてしまうことです。この例は本書でも登場していますが（p.041）、「テレビパン」という動画をご存じでしょうか。

「犯罪者の大多数はパンを食べたことがある。したがってパンは有害である」という、誤った統計分析のあるあるを詰め込んだような内容です。

このレベルまでくると笑い話で済みますが、日常の複雑な統計分析では、意外と侮れません。

東大生はピアノ経験者が多い？

例として、「東大生にピアノ経験者が圧倒的に多い理由」というとある記事を見てみましょう（おおたとしまさ／東洋経済オンライン／ 2017年）。

　こちらの記事では東大生100人に子供の頃に通っていた習い事をアンケートし、その結果を元に東大生3人との座談会を行っています。

まず、最初の「東大生が子供の頃に通っていた習い事」

に関するアンケートを見ると、いろいろと気づく点があります。

東大生が子供の頃に通っていた習い事　(単位:人)

順位	習い事	人数
1	水泳	65
2	ピアノ	47
3	英会話	27
4	サッカー	25
5	書道	22
6	体操クラブ・その他スポーツ教室系	17
7	バイオリン・エレクトーン・その他音楽教室系	16
8	テニス	12
9	柔道・剣道・空手・その他武道・格闘技系	10
10	野球	9
11	そろばん	8
12	絵画	7
13	バレエ	5
14	リトミック	4
15	囲碁・将棋	4
16	ダンス	3
17	習い事はしていない	7

「東大生にピアノ経験者が圧倒的に多い理由」(東洋経済オンライン／2017年）の記事を元に作成。
https://toyokeizai.net/articles/-/161721
アンケートの出典は「東大家庭教師友の会」調べ (2016年)

12000人の中の100人（1%足らず）

「東大生100人にアンケートを取った」とありますが、科類・学年・性別・出身地・家庭の所得レベルなど、どれか一つでも偏ったデータのとり方をしていれば、その時点で結果は偏ります。

少し意地悪な見方をすれば、東大生（特に最初の1、2年生）は、自身がいわゆる「東大生」であることを自覚しているため、過去の習慣や努力が結実して地位を手に入れたと心のどこかでうぬぼれています。そのような人にインタビューをすれば、当然「習い事に意味があった」という結論に偏りがちになるでしょうし、インタビュアーもそのような回答を求めてインタビューを行うため、回答を誘導している可能性も挙げられます。

しかし、さすがにここまで疑い出したらキリがないでしょう。

延べ人数になっている

東大は1学年に3000人ほど在籍するため、4学年全部で東大生は12000人いることになります。

そのうちの100人（1%足らず）を抽出して、本当に母集団を正確に特徴づけられるのでしょうか？

“Sampling bias”が可能な限り排除されていることを示すために、本来はデータの取得条件を事細かに記述すべきですが、この記事には見当たりません。

さらに、各項目の回答数の総和は優に100を超えます。

つまり、このアンケートは複数回答が許されており、数字は「人数」そのものではなく「延べ人数」ととらえるべきです。

記事の中では、表を参照して「東大生の６割以上が音楽関係の習い事を経験した」と述べられているのですが、２位の「ピアノ」と７位の「バイオリン・エレクトーン・その他」がすべて別人であるとはだれも言っていません。

仮に7位の項目を選んだ人が全員ピアノも習っていたとするならば、アンケート回答者の47%が音楽関係の習い事をしていたと言えます。

しかし、それでも一般的な割合（小学生でピアノを習っていた人の割合は約４人に１人と言われているようです※）よりも高く、しかもピアノは女子に人気の習い事です。

東大生は男子が圧倒的に多いにもかかわらずこの結果であることを鑑みると、「東大生は音楽経験者が多い」という記事の結論はあながち間違っていないのかもしれません。

※https://nishi-mura.co.jp/2023/07/26/13821/より。

「対称性」が破れている

皆さんは「対称性」と聞いたとき、何を思い浮かべるでしょうか？

そのまま言えば「対称であること」ですが、では「対称である」とはなにか？　と聞かれれば、「顔の造作が左右で対称である」や「正五角形や正六角形は線対称であり、回転対称性を持っている」など、パッと思い浮かぶイメージは人それぞれではないでしょうか。

このように、「対称性」という言葉自体は、意味がはっきりとせずふわっとしていて、具体的に何の対称性なのかはケースごとにそれぞれ異なります。

いろいろな「対称性」が破れているケースを見ていき、最後に物理にとっても重要な概念である。「対称性の破れ」の一つを紹介してみましょう。

文字の幾何学的な対称性

身近な例では、文字の幾何学的な対称性が挙げられます。

日本語のひらがなの多くは、例えば「な」のように左右を反転させると元と異なる形になります。科学的な語いを使うなら、これを「左右反転の対称性が破れている」と表現します。

中には「い」や「こ」のように左右対称に近いものもありますが、本来毛筆で書きやすいように形が作られたことを考えると、もともと左右対称にはなりえなかったのでしょう。

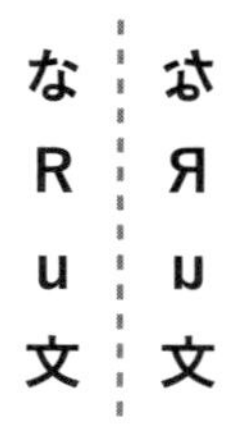

外国語の文字まで視野を広げると、事情は変わってきます。ローマ字の“R”を左右反転させると、キリル文字の“Я（ヤー）”にそっくりです。タイ文字の「モー・マー」と「ノー・ヌー」は、街中でよく見かけるローマ字似のフォントでは左右反転の関係にあるように見えます。

これらの例は当然、対称的になるような文字の成り立ちを経たわけではなく、後世のわれわれによる強引なこじつけに過ぎません。漢字の場合はもう少し幾何学的に整然としている場合が多く、たとえば「文」は左右対称になっています。これも実際には毛筆を考慮すると、完全に左右対称になっているわけではありません。

しかし、「い」や「こ」を完全に左右対称に書くと明らかな違和感があるのに対し、「文」を左右対称に書いても違和感なく読むことができます。その意味で、左右対称と言える漢字が多く存在すると見なしていいでしょう。

音楽における「対称性の破れ」

西洋音楽においては「対称性」よりも「対称性の破れ」のほうが重要な役割を果たします。

もっとも標準的に使われる音階（長音階）では、1オクターブを構成する全12音のうち、長音階の配列を選ぶ方法は重複なく12通りあります。

すなわち、同じ旋律に対して調性を12通り選ぶことができることになり、音色のバラエティの豊かさにつながっています（図1）。

逆に、もっとも対称性が高くなるように音を選ぶと「全音音階」を作ることができますが、2種類しか調性を定義することができず、特殊効果を狙った使い方を除けば応用範囲が限られます（図2）。

対称性が高くなるように音を選べばバリエーションが少なくなり、その音色はつまらないものとなってしまい、逆に「もっとも対称性が破れているときがもっとも美しく、多彩な響きがあるように聞こえる」のです。

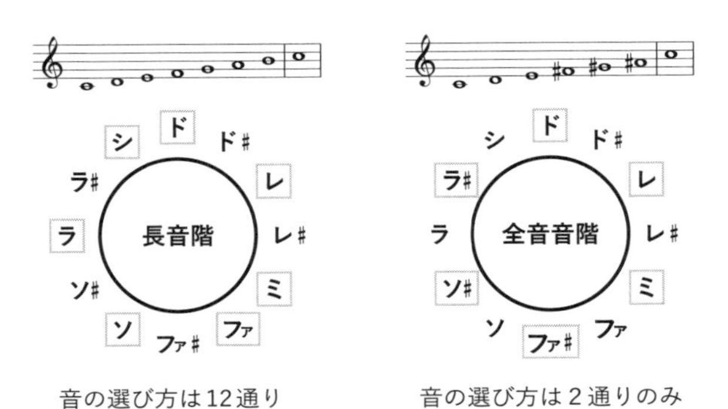

音の選び方は12通り　　音の選び方は２通りのみ

図１（左）、２（右）ともに譜例はWikipediaを参考に作成

よりくわしくは、p.157の「音楽を数学で理解する」を参照してください。

視覚芸術における対称性と対称性の破れ

左：三分割法を意識した画角

右：日の丸構図

視覚芸術においてはより直接的に対称性が重要になります。たとえば写真の構図では、もっとも重要な要素を画角の中心に据(す)えてしまうと、被写体と背景のメリハリがなくなってしまい単調になりがちです（日の丸構図、右）。

そのため、縦横に2本ずつ線を引き画面を縦横に3分割し、引いた分割線の交点に重要な被写体を置くことでより被写体の存在感が際立ち、躍動感が出ることが知られています（三分割法、左）。対称性の観点から言えば日の丸構図の方が対称性は高いのですが、あえて対称性を破ることで芸術的な面白さが増すという好例です。

自然科学における対称性とその破れ

自然科学においても対称性とその破れは重要な意味を持ちます。

人間をはじめとする生物の体は左右非対称につくられています。それをよく実感するのは「利き手」の存在です。訓練を積まない限り、利き手とそうではない手で同じ動作をすることは難しいものです。

それ以外にも、人間の胃や肝臓は左右非対称な形状をしています。

人間の体の中にある対称性の破れ

体を構成する分子のレベルで見ると、より根源的な対称性の破れが存在します。

体内に存在するアミノ酸の一種である「アラニン」は、鏡映反転対称性を破る分子構造を持っています。回転させ

L－アラニン
（タンパク質にふくまれる）

D－アラニン
（タンパク質にふくまれない）

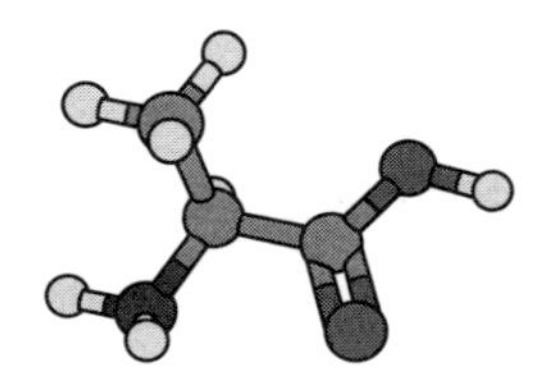

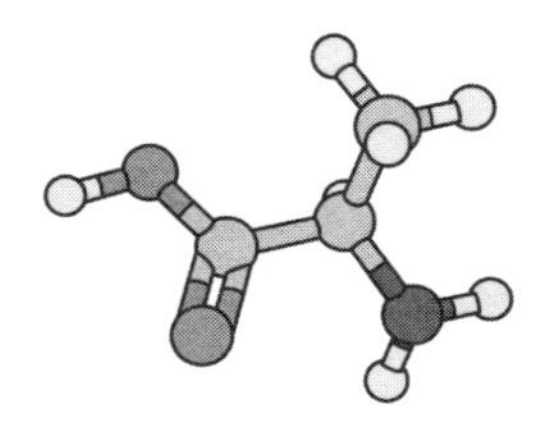

L-アラニンとD-アラニンは回転させても重なり合わない
（＝鏡映反転対称性を破っている）

ても同じにならず自分と異なる別の物が現れる、つまり鏡像と自分自身を重ね合わせることのできない形状であるということです。
「アラニン」はL-アラニンしか体内には存在せず、もう一つのD-アラニンは体内に存在しないことが知られています。ちなみに、このような分子をキラル分子といい、薬学の分野などでの応用が研究されています。

素粒子物理学における対称性とその破れ（本題）

ここからが本題です。素粒子物理学においても対称性とその破れが重要な意味を持ちます。おそらくもっともシンプルな対称性は、「粒子」と「反粒子」の対称性です。
1930年前後に理論物理学者のポール・ディラックが「電子とほとんどの性質が等しく、電荷だけが逆の粒子」

の存在を予言したことに、反粒子の歴史は始まります。

実際にその粒子（陽電子）が発見されてから、標準模型の12種類の素粒子※には、それぞれ対応する「反粒子」が存在することが予言され、見事に発見されてきました。

※アップ、ダウン、ストレンジ、チャーム、ボトム、トップという6種類のクォークに加えて、電子、ミューオン、タウと、それぞれに対応する3種類のニュートリノ、あわせて6種類のレプトン。

「粒子」と「反粒子」の対称性

粒子と反粒子の関係で、謎とされていることがあります。

粒子と反粒子には「対生成（ついせいせい）」「対消滅」※という過程を経て、必ずペアで増えたり減ったりする性質があります。それにもかかわらず、宇宙には粒子（われわれをふくむあらゆる物質）は多いのに、反粒子がほとんどないのです。

宇宙が誕生したときには物質は何も存在せず、ビッグバンの膨大なエネルギーから粒子と反粒子が次々と対生成されていきました。そのため、ビッグバン直後には粒子と反粒子が同じ数だけあったはずです。本来、そのまま放っておくと、粒子と反粒子は対消滅していき、やがてともに消えてなくなってしまいそうなものです。

それなのに、われわれ（粒子）は現在も消滅することなくこの世に存在しています。もし反粒子が残っていたら、対消滅で粒子（われわれ）もビッグバン直後に消えているはずですが、われわれを構成する物質粒子のペアである反物質粒子だけが、どこかに消えてしまったのです。

最初同じ数だけ作られたはずの粒子と反粒子。にもかかわらず、反粒子だけが消えてしまって（＝対称性が破れて）います。

これが、50年以上前から根源的な謎として物理学者を悩ませ続けてきた問いの一つなのです。

皆さんも、粒子と反粒子の対称性の破れに秘められた謎に思いをはせてみてはいかがでしょうか。

※「$E=mc^2$」であらわされる、質量とエネルギーは等価である関係から、粒子と反粒子がぶつかり、持っていた質量が光という形でエネルギーに変わる「対消滅」と、その反対である光が粒子と反粒子に変わる「対生成」。

今自分がやっていることが「やりたいこと」なのか、「やるべきこと」なのか、という葛藤

皆さんは大学院と聞いてどのようなイメージを抱くでしょうか。

高校や大学の延長で、ひたすら授業を受けるだけと思うでしょうか。あるいは、夏目漱石の小説『三四郎』の野々宮先生のイメージでしょうか。

実験物理学、その中でも素粒子や宇宙のような素朴で根源的な疑問について考える研究者は、きっと高尚な思索に耽る日々を送っているのだろうと思われるかもしれませんが、実体としてはその真逆と言えます。

現代の物理は複雑化・細分化の一途をたどっており、数年間をかけて大がかりな実験を行って、ようやく一つのプロジェクトが完結します。

プロジェクトの中では、実験装置をデザインして製造業者と交渉し、完成した装置の動作を確認し、不具合をカバーしながら実験装置に組み込み……という一連の工程をこ

なさなければなりません。物理は他に比べて研究者自身で何でも請け負う傾向が強いですが、中でも大規模加速器実験ではない（テーブル１つで完結できるという意味から、テーブルトップ素粒子実験と呼ばれる）場合は、前例のない装置を使って前例のない実験をすることが多いため、ゼロから自分たちで実験全体を立ち上げることになります。このようなタイミングで研究室に入ると、待っているのは泥臭いものづくりと土木作業の日々です。

何年も勉強して大学院に入っても、待っているのは重い荷物を運んだり真空槽のネジを開け閉めしたりする毎日で、学んできた高尚な物理の知識は何の役にも立ちません。

土木作業（やるべきこと）をしたいと思って大学院で物理を学びに来る人はいないでしょう。だからこそ、目指す物理学上のゴール（やりたいこと）とのギャップに当惑します。

この観点で言えば、大学院という場は「やるべきことの山に押しつぶされてしまってもやりたいことを見失わない力を培う場」だとも言えるかもしれません。

人生にも研究にも客観的な意味などありません。ただ個々の意志が存在するだけです。意志を失ってしまえば、何も残りません。だからこそ意志を持ち続けることを、人は学び続けなければならないのではないでしょうか。

「悪魔の証明」は数学的にはどうなるの？

「悪魔の証明」という法学用語があります。
　土地や物品の所有権をめぐる訴訟において、過去の記録をさかのぼって所有権の存在を証明することがあまりにも難しいことに由来するようです。現在ではより解釈が拡大し、論証することが不可能か極めて難しいことについて言うようになりました。
　実際に、冤罪や相続問題といった問題が起こることからも、事実の立証はしばしば悪魔の証明に陥ることが見て取れます。

「立証責任の転嫁」

　悪魔の証明を応用（悪用）した論法が、いわゆる「立証責任の転嫁」です。これは立証すべき仮説を提示しておきながら、相手に悪魔の証明に相当するような反証を求め、証明が不可能であることを応用して自説が自然に立証されたと主張する、いわゆる誤謬です。残念ながら、この論法は日常にありふれています。たとえばこんな例です。

【例1】

A	宇宙人は絶対に存在するんだよ！	仮説の提示
B	そうかなぁ、僕はそう思わないけどな。	仮説の否定の提示
A	何でよ！　私この間UFO見たよ！	仮説の証拠の提示
B	それ本当にUFO？　飛行機とかだと思うけどな。	仮説の証拠に対する否定の提示
A	本当に信じないの？　じゃあ宇宙人は絶対存在しないって証拠はあるわけ？	立証責任の転嫁
B	そんなのはないけれど……。	「悪魔の証明」の証明不可能性
A	じゃあ、宇宙人が存在しないって証拠がないんだったら、やっぱり存在するはずだよね。	Aは仮説を証明できたと思っているが実際は仮説に対する否定を何一つくつがえせていないので、当然証明もできていない

この場合、AはBの言う仮説に対する否定をくつがえせておらず、「立証責任の転嫁」にしかなっていないため、証明もできていません。別の例も見てみましょう。

【例2】

A	おにいちゃん、冷蔵庫に置いてあったあたしのプリン、食べたでしょ！	仮説の提示
B	え！　一昨日あれ食べていいって言ってたじゃん	仮説の否定に対する証拠の提示
A	いつそんなこと言ったの？　地球が何回、回ったとき？	立証責任の転嫁
B	そんなの知るかよ！　じゃあこのあといっしょに新しいプリン買いに行ってやるから、それでいいでしょ。	「悪魔の証明」の証明不可能性
A	そんなんじゃ……許さないんだから…。	ツンデレ

Aのように、悪魔の証明に持ち込まれた場合、ツンデレ展開に持って行くことで不当な負けを回避することができ

る場合があります。え、絶対にそんな展開あり得ないって？　それは証明できるのですか？

数学の証明との違い

さて、「証明」という単語が入っていると、まるで数学の文脈で用いられる「証明」と関連付けられるかのように思われるかもしれません。

しかし、「UFOが存在しないことの証明」（悪魔の証明）と「2乗して2になる有理数が存在しないことの証明」（数学の証明）は、根本的に異なります。それは、「存在する」という概念が異なるということです。

数学的対象物は、たとえるならばプラトンが定義した「イデア」に相当するものであり、この世に実在しうる個別の事象を極限まで抽象化したものです。「りんごを2個買う」「人が2人いる」という個別の事象はこの世に実在しますが、「2」という数字そのものは目で見たり手に取ったりすることはできません。

数学は逆に、「りんごを2個買う」「人が2人いる」という個々の事象を扱うことはできませんが、「2」という抽象的な概念なら扱うことができます。

「実在する」の意味合い

「UFOが存在する」の場合の「存在する」は、実際にこの世に実体として存在する、すなわち「実在する」という意味になります。これは物質還元主義的に言えば、「物質として存在する」ともとらえられます。つまり、金属の円盤のような乗り物が空を飛び回っていれば「UFOが存在する」と言えますし、逆に宇宙の隅々まで探し回ってそのようなものが見つからなかったとしたら、「UFOが存在しない」と言えます。

なぜ「UFOが存在しないことの証明」が悪魔の証明になるかといえば、宇宙の隅々まで探し回ることが現実的には不可能だからです。

逆に、「2024年12月31日の日本時間15時から16時の間に、JR巣鴨駅構内にUFOが存在しない」ことは、実際にその時間に現場で見張っていれば、証明することができます。

「ドラえもん」はイデアではなく、個別の事象

「証明」についての理解を深めるために、別の例として「ドラえもんがこの世に存在しない」ことの証明を考えてみましょう。

物質還元主義の立場から言えば、これまでドラえもんがこの世に存在したことはありません。しかし、漫画やアニ

メという形で、ドラえもんは確かにこの世に存在します。そして、10人に「ドラえもんの絵を描いてください」と言えば、10人ともが同じ、青くて丸い狸のような絵を描きます。これが、「猫の絵を描いてください」と言った場合、10人とも異なる猫の絵を描くはずです。この意味で、「猫」はプラトン的なイデアに相当しますが、「ドラえもん」はイデアではなく、個別の事象に相当すると言えます。

それでは改めて問います。
「ドラえもんはこの世に存在しない」は真でしょうか、偽でしょうか。

これは答えることが難しい命題ですが、悪魔の証明だからではありません。「この世に存在する」の定義があいまいで、命題として成立していないからです。

先ほど挙げた【例２】に登場する「地球が何回、回ったとき？」という質問も、本来は質問として成立していません。地球の回転には自転と公転の２種類があり、しかも「ある時刻からある時刻までの間」という指定がないため、「回った回数」をそもそも定義できません。

仮に「地球が誕生してから問題の事象が起きた時刻までの自転回数」だとしたら、地球が誕生して自転を開始した時刻を誰も正確に知らないので、答えを知る人はいません。

「悪魔の証明」とは結局何なのか？

　したがって、「悪魔の証明」と呼ばれるものは、「真偽を明確に定義でき、実在性に関わる命題のうち、時間と労力を無限にかけて信頼に足り得る証拠をすみずみまで集めた場合に答えが出せるものの証明」と言ってもいいかもしれません。
　そして多くの場合、悪魔の証明を困難に陥らせる原因は、「時間と労力」だけではなく「信頼に足りうる証拠」なのかどうか、にもあります。

　最後に命題を考えてみましょう。
「『悪魔の証明』に分類されうる任意の命題は、証明不可能である」ことを証明、あるいは反証することは、悪魔の証明に当たるでしょうか？

音楽を数学で理解する

一昔前に「モーツァルト効果」なるものがまことしやかにささやかれ、今でもその仮説に便乗したビジネスを時おり見かけます。ただの音の羅列がどのようにして多様なクオリアを呼び起こし、こうも感情を揺さぶるのかはとても興味深い問題と言えますが、物質還元的にとらえれば、音楽といえども、結局は空気の複雑な粗密波(そみつは)に過ぎません。

西洋音楽の歴史をたどると、「音」を「物理現象」としてとらえる見方と非常に親和性が高いことがわかります。

本テーマは周波数と音の関係をはじめに述べ、音楽で使われる音と音階の定義をしたあとに、規則性に従って数字の列を考えることで音楽を数学的に理解していきます。

音色の心地よさを数学的に理解しよう

単純な倍音の原理から5度を基準にして作られているピタゴラスの音律を作ると、自然と12音音階が導かれ、さらに1オクターブを12等分することで作られる平均律は美しい幾何学的構造を持ちます（とともに、音の響きの美しさは損なわれる、という点も興味深いことです)。

古典的な西洋音楽で使われる音は「楽音」と呼ばれ、一つの楽音には、基準となる一つの振動数が割り当てられます。これをその音の「音高(おんこう)(ピッチ)」と呼ぶ場合もあります。音高は1秒間で何回空気が振動するのか、周波数としてあらわします。

現在、楽器の調律では音高A3(振動数440Hz)が基準に取られることが多く※、空気が1秒間に440回振動するような波に相当します。

その粗密の時間変化を図示すると、次のようなグラフになります。

※ 1939年のISA(国際標準化機構)による国際会議で、ピアノの鍵盤の中央のドから6度上のラの音を440Hzに定めました。

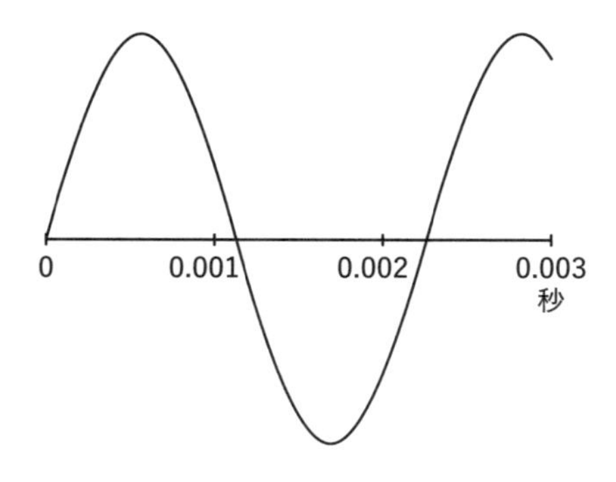

振動数440Hzの正弦波。A3の音が鳴るときの空気の振動を示す

音高A3に「もっとも近い音」は、何にあたるのでしょうか。

正確に言えば、「現在、一般的に使われる12音音律において、振動数がもっとも近い音」という意味合いでの「近い音」になりますが、その答えの一つは、A♯3やA♭3といった、A3から「半音離れた音」です。

そもそも1オクターブを12音に分ける12音音律は、必然的な規則というわけではありません（自明ではない）。12音の中には、間の音も存在するからです。実際、人の声や弦楽器では、ある音高から別の音高へ滑らかに移行することができ、1オクターブを何段階にでも分けることができます。

別の定義によって、「（振動数が）近い音」を定義する（倍音）

ゴムひもをある力で引っ張り、指ではじいたときにA3の音（440Hz）で振動するようにします。

ゴムひもの振動を細かく見ると、その振動数は厳密に440Hzだけではありません。

その2倍の880Hz（2倍音）や、3倍の1320Hz（3倍音）も、かすかに観測されるはずです。さらに4倍、5倍の音も存在しますが、その強さは倍音の次数（2倍音、3倍音、……の数字）が高くなるほど弱くなります。

このような、基準となる元の振動数の整数倍の振動数に対応する音を、元の音の「(整数次)倍音(ばいおん)」と呼びます。

ゴムひもをつま弾くと、ある基音A3と、その2倍音A4、3倍音E5、などが同時に鳴ります。

ここで、同じゴムひもをもう1本用意し、引っ張る強さを変化させていきながら2本のひもを同時に弾きます。ゴムひもを引っ張る強さがまったく同じとき、双方が発する音は一致し、一際強く響くことでしょう。

さらに強く引っ張っていくと、ちょうど強さが4倍になったときに、再び響きが強くなるはずです。これは、2番目のゴムひもの基音(880Hz)が、1番目のゴムひもの2倍音と一致するためです。

そして、2番目のゴムひもの2倍音も、1番目のゴムひもの4倍音に一致します。

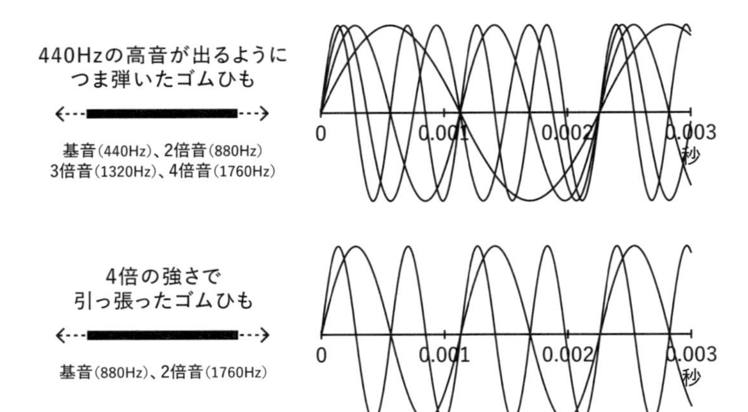

p.158の図のような正弦波を、基音と倍音で重ねて描いたもの。A3の音が鳴るように引っ張ったゴムひも（上）と、A4の音が鳴るように引っ張ったゴムひも（下）では、特定の振動数成分が共通してふくまれる

「それぞれの倍音がもっとも多く一致する音」＝「近い音」

このように、「ある音に対して音高を高くしていったときに、それぞれの倍音がもっとも多く一致する音」を「近い音」と定義するとどうなるでしょうか。

前ページの例の通り、ある音に対して2倍音に相当する音（1オクターブ上の音）が、もっとも「近い」ということになります。同様の理屈で、1オクターブ下の音も、「近い音」とみなすことができます。

この定義に基づくと、次に近い音は何か？

すでに察している人もいるかもしれませんが、次に「近い音」は、元の音の3倍音に当たる音です。これは現代的に言えば、1オクターブ上のさらに5度上の音になります。

人間の耳で聞くと、1オクターブ離れた音同士はほぼ同音のように聞こえる一方、この「5度」の音は、元の音とは異質な音の中ではもっとも「近い」音ということになります。

ピタゴラス音律は、「5度」の音→さらにその「5度」上の音→さらにその「5度」上の音……のくり返しで、「異質

で近い音」を順々につなげていくことで構成されているのです。

ピタゴラス音律の構成を考えてみる

実際にピタゴラス音律の構成を見てみます。基準となる周波数をν（ニュー）としましょう。また、音が1オクターブ内に収まるように、適宜1オクターブ下の音（周波数を半分）に置き換えて考えます。

まず、もっとも近い音は3倍音の1オクターブ下の音(3/2)νです。次に近い音は、その3倍音の2オクターブ下(9/8)νです。

この操作を12回くり返していくと、次の表のようにまとめられます。

周波数	A3を基準としたときの周波数(Hz)	英語音名
ν	440	A
$(3/2)\nu$	660	E
$(9/8)\nu$	495	B
$(27/16)\nu$	742.5	F♯
$(81/64)\nu$	556.875	C♯
$(243/128)\nu$	835.3125	A♭
$(729/512)\nu$	626.484375	E♭
$(2187/2048)\nu$	469.863281...	B♭
$(6561/8192)\nu$	704.7	F
$(19683/16384)\nu$	528.596191...	C
$(59049/32768)\nu$	792.894287...	G
$(177147/131072)\nu$	594.670715...	D
$(531441/524288)\nu$	446.003036...	A*

ν=440Hzとしたときに、3/2νは3/2×440＝660Hz、9/8νは495Hz。順に周波数を追っていくと、12回目で元のAの周波数に近くなる（A*）

基準となる音をν=440Hzとし、その音名をAとしたうえで、周波数が近い順にA、A*、B♭、B、C、C♯、D、E♭、E、F、F♯、G、A♭と音名を振っていきます。

12回目に名付けられるA*の音は、最初のAの音とほぼ一致しているため同一視することにすると、AからA♭までの12音によって1オクターブ（440Hzから880Hzまでの間）を分けられることがわかります。

これがもとになり、西洋音楽では1オクターブを12音に分ける音階が一般的になったといわれています。

これに加えて、古代ギリシャ時代で使われていた音階体系である「テトラコルド」というものを基にして、上記で命名された音高のうち、「♯」や「♭」が付かない音の配列A、B、C、D、E、F、Gが「全音階」として一般に定着しました。

ここまでで出てきた12音音階についての基礎をまとめると、次の図のようになります。

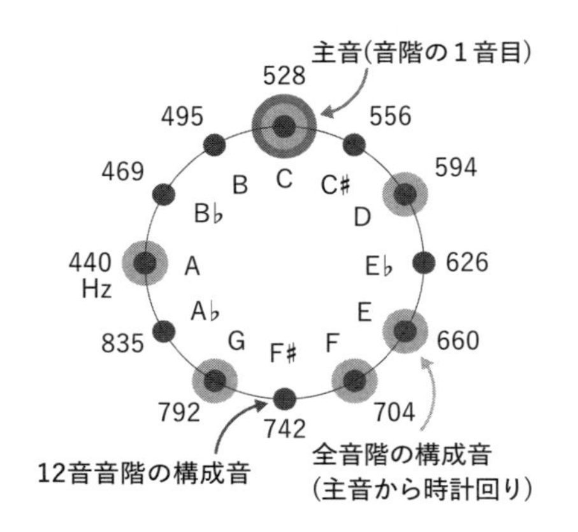

1オクターブを構成する12音を振動数の順で並べ（黒い丸）、そのうちCの音を起点とする全音階の配列を示している（灰色の丸）

音の高さを1オクターブごとに一括りに分けて、それを12音で分けます（環状に並んだ12個の黒い丸）。そのうち、A、

B、C、D、E、F、Gと呼ばれる7音（灰色の丸）は「全音階」と呼ばれ、西洋音楽理論が形成される前から伝統的に使われてきた「音階」に相当します。

ピタゴラス音律の弱点

各音にどの周波数を割り当てるかはいくつかの定義の仕方があり、弦の振動という物理的な背景を基に定義すると、3倍音（5度）の音程がもっともよく響くようにできます（ピタゴラス音律）。

しかし、ピタゴラス音律で12音音階を組み立てていくと、2と3が互いに素（共通の約数が1だけ）であるために、1オクターブを厳密に決めることができなくなってしまいます。

実用上は、あまり使わない音程をわざと狭めることで演奏に用いることはできますが、「使いやすい音程」と「使いにくい音程」が生じてしまいます。

現代の西洋音楽で一般的に使われるようになった「平均律」では、12音音階の音高の振動数を厳密な等比級数として割り振ることで、どの調性や旋法（せんぽう）（mode）でも音程が等しくなるようになっています。

ただし、その代償として、ピタゴラス音律では物理的にもっともよく響くように定義されていた5度音程が厳密な3倍音ではなくなり、響きが損なわれています。

平均律のおもしろさ

ピタゴラス音律と平均律のどちらが優れているかは一意に決めることはできませんが、調性や旋法に制約がなくなったぶん個性が減ってしまった平均律においても、全音階のバラエティの豊かさは減っていないことは特筆すべき点です。

調性や旋法に制約がなくなりすべての音が同等になったということは、意味を持つのは音程（音と音の間の間隔）のみであるということです。

全音階のなかで恐らくもっとも多くの人がなじんでいる、鍵盤の白鍵だけで構成されるCmajor音階を模式的にあらわしたものが、先ほども出てきた図です。

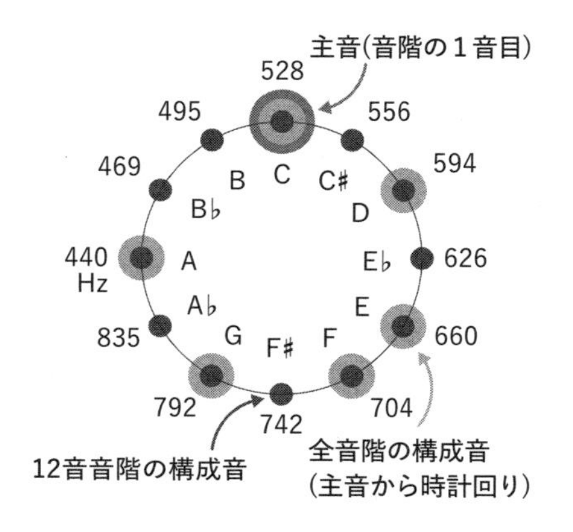

Cmajor音階

太枠は主音を、灰色の丸は音階を構成する音を、黒色の丸はそれ以外の音を示しており、音階は太枠を起点として円上を時計回りに回って灰色の丸をたどっていくことで構成されます。この場合は、C、D、E、F、G、A、Bです。

音名をこのままの位置に置き、丸を時計回りに順繰りに回転させていっても、似た構造を作ることができます。

太枠を置く位置（今の場合「C」）が「調性」、太枠を起点として丸の色が円上でどのようなパターンになっているか（今の場合「灰黒灰黒灰灰黒灰黒灰黒灰」）が「旋法」です。

平均律を前提にすると、「全音階」という音階は音名とは独立に定義することができ、まさにこの丸の色が円上で灰黒灰黒灰灰黒灰黒灰黒灰灰黒灰黒灰……」と並ぶような配列のことを指します。

このことを踏まえて、「全音階」にふくまれる音階をすべて書き出すと、次のようになります。

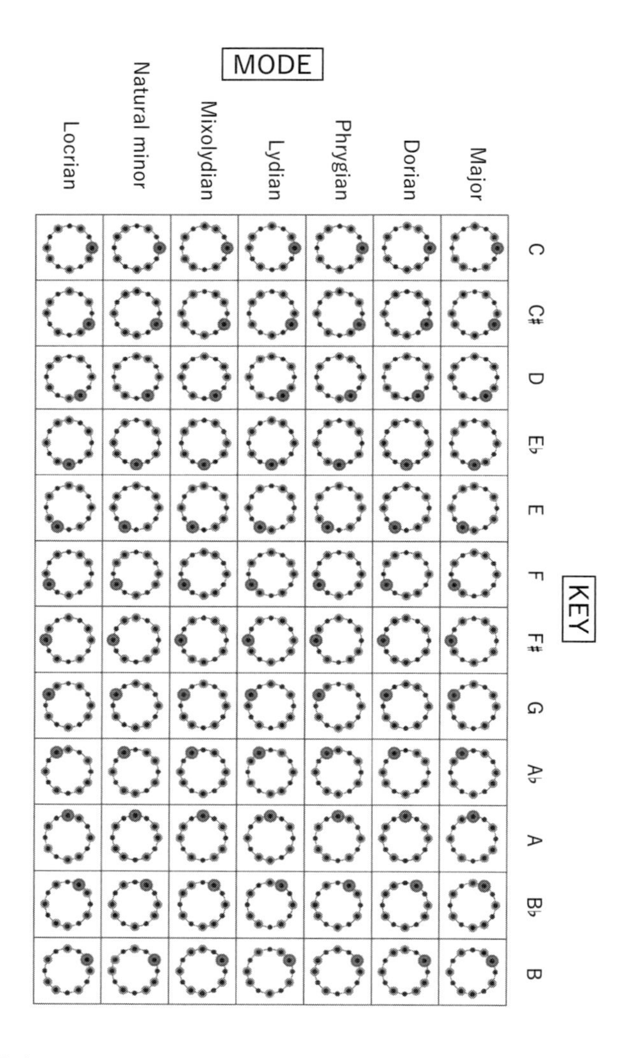

全音階における音階をすべて描き出した表。KEYは調、MODEはメジャー（アイオニアン）、ドリアン、フリジアン、リディアン……といった旋法をあらわす。84通りの音階は一つも重なるものがない＝対称性が破れている

こちらの図は、p.166のCmajorの模式図を、各行では図全体を1/12ずつ時計回りに回転させ、各列では灰色の丸の位置を反時計回りに回転させて（ただし、必ず太枠の位置には白色の丸が来るようにして）、考え得るすべての音階を描き出したものです。

一つの列は一つの調性（太枠の位置）に対応し、一つの行は一つの旋法（太枠を起点に丸を時計回りにたどっていったときに、黒と灰の並び方のパターン）に対応します。

全音階の最大の特徴は、これら84通りの音階はすべて区別でき、重複が一つもないということです。

数学の問題に読み替えることができる

この図は、じつは以下のような数学の問題として読み替えることができます。

「Cmajor音階の図のように丸を円状に配置します。まず、太枠は動かさずに、灰と黒からなる円を時計回りに適当に回転させます。次に、太枠だけを別の灰の位置に移動させます。このような操作で、もとのCmajor音階の図と異なる図はいくつできるでしょうか？」

この場合、「どのように異なるか（一致しているか、いないか）」によって2通りの分類ができます。

1. 図全体を回転させて、灰の配置が元と重なるようにした場合に、ぴったり一致する（旋法は同じで調性が異なる）
2. 元の図と太枠の位置が同じだが、灰の配置だけが異なる（調性は同じで旋法が異なる）

数学的に一番対称性が破れているときがなぜか一番心地いい

この問題のアンサーは、全音階の場合、これらの思いつき得る84通りすべてのパターンについて、偶然一致するものが一つもないということになります（p.168図）。一つも重ならない、つまり対称性が最大限破れていると言えます。

そして全音階の音の選び方では、p.168図のように一つも重なるものがない、もっとも対称性が破れているときの音色が、なぜか一番心地良く感じるのです。

顔の造作など、「対称的なもののほうが美しい」と感じることが一般的ですが、こと音楽に関しては、「対称性が破れているほうが心地良く感じられる」のはなぜでしょうか。

この不思議さを実感するために、特殊な音階を考えてみましょう。

次の図は、「全音音階（whole tone scale）」と呼ばれる音階について、定義しうるすべての音階を並べたものです。

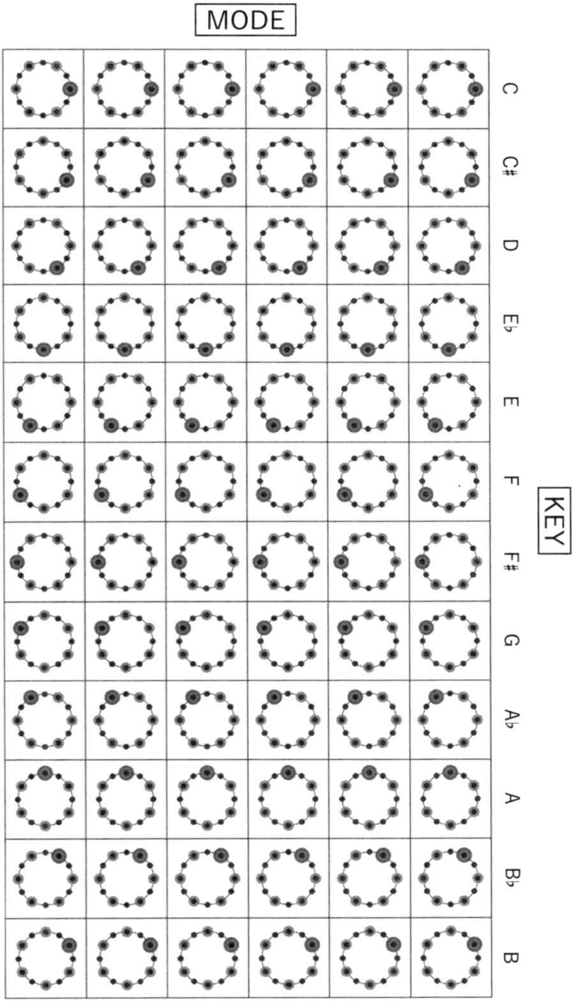

MODE

KEY

C
C♯
D
E♭
E
F
F♯
G
A♭
A
B♭
B

「全音音階」で定義しうるすべての音階を並べたもの。
音階のバラエティーが少ない

各列の図はすべて完全に一致しているため、旋法は１種類しか作れないことがわかります。

また、調性についてもＣとＤは太枠だけをずらせばぴったり重なる構造になっており、まったく同じ音の並びになっているため、主音（太枠）と主音以外の音階構成音は均質化し、実質的に「Ｃをふくむ調性」と「Ｃ#をふくむ調性」の２種類しか作れないことがわかります。

音階を構成する音の配置が極めて対称的になった代償として、音階のバラエティが極めて少なくなってしまったわけです。

対称的なもののほうが美しいと感じる場合が多いにもかかわらず、音律音階という意味では真逆の現象が起き、数学的にもっとも対称性が破れている場合に心地良く感じるのです。その理由は今もあまりよくわかっていないというのは、とても不思議なことだと思いませんか？

なぜ物理学科に進学したのか

私の学んでいた東京大学では、入学時には全員教養学部（「前期教養学部」「駒場幼稚園」などと呼ぶ）に所属し、2年生の夏に学部を選択するシステムが採用されています。

このシステムのおかげで文系・理系の枠を超えて講義を受けることができ、さらには理系で入学した学生が文系学部に進学することもできます。

前期教養学部では、入学する科類によって進みやすい学部が決まっています。理系であれば理科一類は理学部・工学部、理科二類は農学部・薬学部、理科三類は医学部とおおむね相場が決まっており、それに加えて教養学部（後期教養学部）には文系理系どの科類からでも進学できます。

当然、どの学部にも定員があるため、人気の高い学部学科は全員が無条件には入れるわけではありません。上記のあらかじめ定められた科類で優先的に定員が定められたうえで（「指定科類枠」）、若干名の他科類からの募集があります（「全科類枠」）。いずれにおいても、2年生の夏までの成績で志望者は順位付けられ、上から順番に定員が満たされるまでが進学を許されます。

学生側は、まずいくつか志望進学先を登録したうえで、各学部学科に進学可能なボーダーライン（「底点」）が発表されるのを待ちます。発表されたら、自分の成績とボーダーラインを照らし合わせて、志望進学先をそのままにするか、変更するかを選びます。

その後しばらくして、第一段階の振り分けが行われます。この段階で7割程度の学生の進学先が確定します。確定しなかった学生のために、同じプロセスがもう一度行われ、第二段階で残りのほとんどの学生の振り分けが行われます。

このように、自分が興味のある学部学科に進むためには、成績が良くなければいけません。しかし、各授業の成績は実質的に相対評価であることも多く、その中でトップを張り続けることができるのは一握りの「天才」たちです。「天才」ではないことを自覚した人は、何とか滑り込むために戦略的に動くか（賢いタイプの人）、とにかく何とかなると思い込んで突き進むか（ギャンブラー型）するしかありません（私は後者です）。

幼少期の要素還元主義

さて、私個人の進学振り分けの頃の話もしましょう（しかし、大昔のことなので、実際にはほとんど覚えていませんが、なんとか思い出しています）。

自分がいつ科学に興味を持ったのか、まったく自覚はないですが、小学２年生の頃にはすでに宇宙や天体の存在を知っていました。おそらく、図鑑や本、映画などでなにげなく知識を得ていたのでしょう。

ちなみに、少し話はそれますが、当時通っていた小学校（アメリカのキリスト教系の私立校でした）の理科の授業で、一通り宇宙や天体のことを教わったあとに、「でも、本当は全部神様が作ったんだからね」とまとめられて授業が終わりました。

キリスト教徒ではない私にとって、このとんでもなく矛盾した発言は強烈な印象を残しました。とはいえ、「じゃあ、神様が作ったんじゃないのなら、誰がどうやって作ったのか？」という問いには、誰も正解を持ち合わせていないので、「神様が作った」という答え（「神様」の存在に関する真偽を保留すれば）を受け入れる人の気持ちもわからなくはありません。

話を戻します。しかも、私は当時から極めて人間嫌いな性格で、どちらかと言えば「オタク」気質だったのも相まって、科学との親和性が高かったのだと思います。さらに、いわゆる強迫性の気質もあり※、「このおもちゃは鉄を曲げて作られている。鉄の板は鉄をかき集めて作られている。じゃあ鉄は何から作られているのか……」といったループ型の思考に陥ることがあったのも、物理学に必須な要素還元主義（アトミズム、原子によって世界が構成されているとする考え方）が染みついていたのかもしれません。

※小学生の頃、車の模型が好きでよく遊んでいました。模型にはドアが４つ付いており、本物の車のように開閉できるようになっていました。
ある日、奇妙なことに気づいたのです。一つのドアを開けた後、他の3つのドアも特定の順番で開けたり閉めたりしないと、何か「気持ち悪い」のです。そんな行為は誰にも命令されておらず、自分の遊びの中でも不必要であることは理解しているにもかかわらず、その行為の必要性が身体的感覚として実感されたのです。なぜこのような性質が生じたのか、くわしい方にぜひ教えていただきたいとずっと思っています。

進学振り分けの対抗馬は哲学

具体的に物理学に興味を持ったのは、高校２年生の秋のことでした。駒場で開催された高校生向けの公開講座で、当時ホットな話題であったヒッグス粒子や、超弦（ちょうげん）理論についてのレクチャーを聞きました。

要素還元主義を突き詰めると未知なことだらけという点に興奮を覚え、素粒子の勉強をしたいと思うようになり、東大に進学したのちに理学部の中でも物理学科を志望したのも自然な流れでした。

希望すれば誰でも物理学科に進学できるのであれば簡単ですが、実際には振り分けで進学できない可能性もあるため、ダメだった場合に備えて第二志望を考えなければなりません。

しかも、物理学科で学んだことがない人間が、想像と偏見だけで物理学科を志望するわけなので、本当に希望に合うのかどうかを吟味する必要があります。

しばらく吟味した結果、もっとも有力な対抗馬は後期教養学部の哲学でした。

本来、哲学はすべての学問を包含するので、ある意味当然の選択肢かもしれません。しかし、物理を独力で学ぶことは難しいと思ったため（ただ、これは哲学も多分そうなので、今考えれば判断基準として破綻していますが）、やはり理学部物理学科に進むことを決めました。

物理と哲学のあいだ

ここで、当時私が考えた物理と哲学の共通点についてもう少し深掘りします。あくまで物理も哲学もまったくわかっていない（今でも）人間による戯言と思ってください。

そのうえで、私はどちらの学問も、アプローチがまったく違うだけで、「なぜ・どうして」の連鎖を突き詰めていった先に何があるかを探す学問だと思っています。

物理はある意味、出発点が単純で、この世を要素還元主義でとらえます。

あらゆるものは、それを構成するより基本的なものの組み合わせで成り立っていると解釈するのです。

そのため、物質の構造や振る舞いを記述することには非常に成功している一方で、「なぜ人を殺してはいけないか」のような問いには手も足も出ません。

このような問いにまで手を広げられるのが哲学ではないでしょうか。

しかし哲学の言語は、物理の言語である数学に対して極めてあいまいな自然言語です。しかも対象とする問題が人間の心や社会といった、常に変化し続ける存在です。

同じ「なぜ」を追求するにしても、物理はあくまで自然法則を扱うぶん、よりアプローチの仕方が確立しているように思い、やはり要素還元主義的な幼少期を過ごした私には、物理がより自分の気質と合っているように感じました。

再び話を進学振り分けに戻します。

私は「ギャンブラー」型の人間なので、自分の成績がそこまで高くないのは自覚していましたが、とにかく第一志望を理学部物理学科のまま突き通すことにしていました。結果的には第二段階で、底点ギリギリで滑り込むことができました。きっと日頃の行いがよかったのでしょう。

飛行機が飛ぶ仕組みがよくわかってない、のに飛ばしてるのはどういうこと？

科学に対する人の向き合い方は、多種多様です。科学者よりも科学を過信してしまう人もいれば、独自の似非(えせ)科学を振りかざして現代科学を否定しようと躍起になっている人もいます。

巷(ちまた)では、「飛行機が飛ぶ仕組みがよくわかってないのに飛んでいる」という誤った言説が流布しているそうですが、これもまさに科学への向き合い方から生じる誤解にまつわるものです。

当然ながら、飛行機が飛ぶ仕組みはわかっています。仕組みを知らないまま手探りで飛行機を作っていたら、きっと年間の飛行機事故件数は大変なことになっていることでしょう。

そういうわけで、ここでは「飛行機が飛ぶ仕組みがよくわかっていないという誤解がなぜ流布してしまったのか」に置き換えて考えてもいいかもしれません。

飛行機が飛ぶ仕組み

　まずは、飛行機が飛ぶ仕組みを勉強します。
　空を飛ぶ鳥や凧に共通する性質は何でしょうか。それは、翼や帆によって空気の流れを変えられるような構造になっていることです。翼がまったく風の流れを変えないとすれば、翼の上下で風の速度は一致するはずです。一方、風の流れが変わるということは、翼の上下で風の速度が異なるということを表します。
　流体力学で知られている「ベルヌーイの定理」によれば、風速が速いほど圧力は小さくなります。飛行機の翼は、翼の上の方が下よりも風速が速くなるように作られているため、下よりも上の気圧が低くなり、上向きに引っ張る力（揚力）が働きます。これにより飛行機は空に持ち上がっています。つまり、「飛行機が飛ぶ仕組みはわかっている」のです。
　にもかかわらず、なぜ「飛行機の飛ぶ仕組みはよくわかっていない」などという誤った噂がささやかれているのでしょうか。

「ナヴィエ・ストークス方程式」の一般解

　飛行機が飛ぶ仕組みの基礎になっている流体力学でもっとも重要な式の一つである、「ナヴィエ・ストークス方程式」が、数学のミレニアム懸賞問題の一つになっており、この方程式に一般解が存在するか、まだ知られていません。

そして、この飛行機が飛ぶ仕組みを表す式の一つである「ナヴィエ・ストークス方程式」の一般解がわかっていない、ということが伝言ゲームのように、いつの間にやら「飛行機が飛ぶ仕組みがわかっていない」と省略されすぎて伝わってしまったのではないでしょうか。

一般解がわからないのに飛ぶ仕組みがわかったと言える？

では、そもそも方程式の「一般解」とは何でしょうか。なぜ飛行機が飛ぶ仕組みを記述する方程式の一般解を知らないのに、飛行機が飛ぶ仕組みを知っているといえるのでしょうか。

これを理解するためには、方程式、より正確には微分方程式について知っておく必要があります。

たとえばこんな式を考えます。

$$\frac{dv}{dt} = 0$$

v は速度、t は時刻をあらわします。

この式の両辺をtで積分すると

$$\int \frac{dv}{dt}\, dt = \int 0 \cdot dt$$

左辺の dt は消え、

$$\int 1 \cdot dv = 0$$

と表せます。

$$v + \mathrm{C} = 0$$

$$v(t) = \mathrm{C}$$（定数）

これが一般解です。

式の細かい解説は省略しますが、実際には、未知数をふくむ代数方程式とは異なり、解 $v(t)$ は無数に存在します。

なぜなら、この式では「t が少しずれた場合に何が起こるか」しか記述していないため、$t=0$ のときの条件（初期条件）や、物理的に非現実的ではないようにするための条件（境界条件）は何一つ反映していないためです。

このように何も具体的な条件を定めなくても、方程式の解として成り立つもの全体のことを「一般解」と呼びます。

しかし、現実世界での運動は当然、無数の速度 v がすべて同時に実現するわけではなく、ある時刻 t における速度 v は一意に定まります（ただ一通りに定められること）。

すなわち、ある特定の初期条件や境界条件を仮定したもとでの解（特殊解）が、現実世界において実現する解なのです。

特殊解がわかっているから飛行機が飛ぶ

飛行機の設計でも話は同じです。現実世界で飛行機が飛ばせればいいわけですから、ナヴィエ・ストークス方程式の一般解がなくても、特殊解さえ求まれば十分です。

微分方程式の特殊解を求めることは、多くの場合、非常に容易な問題です。

つまり、「微分」=「ある変数を少しずらした時の関数の変化具合」という大前提に立ち返って、その「少しずらす」ということを少しずつ地道にたどっていけばいいのです。

$\int(x)\,dx = \frac{1}{2}\,dx^2 + C$（積分定数）

$\int(x)\,dx = x + C$

$v(0) = 10\mathrm{m/s}$

…初期条件

v の中身が１になろうが、

$v(1) = 10\mathrm{m/s}$

100になろうが、解は

$v(100) = 10\mathrm{m/s}$

$v(t) = 10\mathrm{m/s}$

のままです。
これが特殊解と言われるものです。

では、飛行機が飛ぶ仕組みは？

さあ、それでは最初の飛行機の問題に戻りましょう。ナヴィエ・ストークス方程式の一般解は誰も知りませんが、それでも方程式の解（特殊解）はコンピュータによる計算で求められるということは前述のとおりです。

特殊解がわかれば、飛行機が飛ぶときにどのような空気の流れが生じるかはわかるので、飛行機が飛ぶ仕組みもわかったと言えるでしょう。

すなわち、「飛行機が飛ぶ仕組みはわかっており、その背景にある方程式の一般解がよくわかっていないだけに過ぎない」ということになります。

それでも、微分方程式を学んだことがない人にとっては、上記の話は「つまるところ、飛行機が飛ぶ仕組みを説明するための方程式が解けていない」と読めてしまうかもしれません。

この誤解に基づいて、「だから科学はうさんくさくて、何も真実を教えてくれないんだ」とさえ思うかもしれません。

自然科学の諸問題は我々の生活とは無縁のことがほとん

どで、机上の空論のように見えるため、そのような傾向は当然の反応とも言えるかもしれませんが、重要なことは自然科学の諸問題がわれわれの生活と無縁であることがほとんどだと認識したうえで、必要以上に期待したり、あるいは逆に必要以上に恐れたりせず、一つの学問として謙虚に対峙することではないでしょうか。

理系院生のための体力づくりハック

理系大学院生として生きていくためには、体力が必要になる場面が多くあります。

液体窒素を何往復も運んで実験装置に補充したり、真空槽のネジを開け閉めしたりするなど、地味な作業を飲まず食わずで長時間続けなければならないときには、身体的な疲労との戦いになります。また、何かしらの結果を出さなくてはならないというプレッシャーがつねに付きまとい、徐々に精神的な疲労も溜まっていきます。

「体力」には、身体的な体力と精神的な体力の両方があり、両者は切っても切り離せない関係にあります。双方ともに健康でなければ、体力は身に付きません。

真面目な人なら、「バランスの取れた食事・適度な運動・規則正しい生活」によって体力が付くと思うかもしれませんが、人生はそんなに甘くありません。だいたい、この世はまともに働いている人が健全な生活を送れるようにはできていません。誰もがやりたくない仕事をやり、生きたくない人生を生きながら（諸説あります）、自分の健康のためにさらに努力するなんて、拷問でしかありません。

人類の文明は、「いかに楽をして生きるか」を追求することで進化してきたと言っても過言ではありません。
特に、科学・医療の技術は、楽をして生きていきたい要請に応えるために発展してきた歴史があります。
そこで、理系大学院生をはじめ、この厳しい世の中を生きていくうえで必要な体力を、苦痛なく獲得するための工夫を考えてみましょう。
「24時間、戦えますか」の時代から30年余り、理系の大学院生のほか、今でも戦い続ける皆様に役立つかもしれない体力づくりライフハック6選をお送りします。

①散歩を趣味にする

ベートーヴェン、カント、アインシュタイン……散歩を好む偉人は数多く知られています。
軽度の有酸素運動になるだけでなく、疲れた頭を切り替えるためにも良い効果があるのでしょう。
しかし、この慌ただしい現代社会において、自分の生活圏内で散歩をしてもなかなかリラックスできません。
そこで、自分の生活圏を飛び出して、人が誰も知らないような場所で散歩をしてみましょう。スマホの地図アプリで、近場の山に移動し、山中にある神社を探します。運が良ければ、地元の人ですら知らない、隠れ家のような神社を見つけることができます。そこを目指して散歩してみる

私のお気に入り散歩スポット、神奈川県の相模湖です。中央本線の駅前にある與瀬神社とセットでめぐるのがおすすめです

と、運動にもなり、霊的な雰囲気も味わえて一石二鳥です。

②日光を浴びる

日光を浴びると、精神を安定させる作用のあるセロトニンが分泌されやすくなります。

しかし、実験室は通常日光が入りません。帰宅も夜遅くなってからなので、日光を浴びるチャンスは朝しかありません。

したがって、朝日が降り注ぐような家に住み、窓際にベッドを置いたうえで、カーテンを全開にして眠りましょう。

東京都心ではなかなか難しい条件ですが、茅ケ崎や九十九里浜なら可能です。東側に大きな窓があり、オーシャンビューの屋根付きテラス、専用ビーチ付きの家を、どなたか私に恵んでいただけないでしょうか。

③よく飲み、よく食べる

実験室は飲食禁止のため、食事の時間は不規則になりがちです。
だからこそ、「もう夜遅いから食べなくていいか」となりがちですが、それではいけません。どんな時間でも遠慮なく食べるのです。
平日が難しければ、休日に豪華な食事をとりましょう。
自炊は面倒で、用事がないのに外食をするのも億劫という人は、近所のレストランを攻略するゲームだと思いましょう。
忙しくて店選びもままならないあなたのために、都内の私のおすすめレストランを紹介します。

＊　バンハオ（平和台）
タイ料理店では珍しい「パッポンカリー」が提供されるお店で、ジャスミンライスもとてもおいしいです。
＊　サイゴン（池袋）
ごく標準的なベトナム料理店ですが、平日昼のセットが豪華で食べ応えがあります。

④サボりどころを見極める

たとえば中学・高校の部活で、なにかと仲間と協力したり、困った人を助けなければなかったりといったプレッシャーを与えられなかったでしょうか？　それは研究室ではむしろ逆効果で、実験室には高価な装置がたくさんあるため、慣れない人が良かれと思って作業を手伝った結果、装置を壊してしまう可能性さえあります。したがって、自分がやるべき以上の仕事をしない、というのが正しいのです。

自分しかできないことだけをそそくさと終わらせて、あとは忙しいふりをしながらボーッとしましょう。

⑤研究室から遠い場所に住む

散歩をする時間さえ取れない人もいるかもしれません。

そんな人は、日常のルーティーンに散歩を取り入れてしまえばよいのです。

まずは、徒歩や自転車で30分以上かかるような距離に住みましょう。そのような場所は不便なことが多いので、家賃も安くなる傾向があります。また、あまりにも近い家に住んでいると、帰っても帰らなくても一緒ではないか、という発想に至ってしまう可能性があります。ちょっと頑張らないと帰れない距離だからこそ、しっかり始まりと終わりの時間を決められるというのが重要です。

⑥“Double-think” を身に付ける

1949年に刊行されたディストピア小説の金字塔、ジョージ・オーウェルの小説『1984』では、”double-think” という概念が登場します。

小説の冒頭で、物語の舞台となる国家のスローガン “War is Peace, Freedom is Slavery, Ignorance is Strength” が提示されます。「平和」には「戦争」が、「自由」には「隷属」が、「力」には「無知」が包含されると国民を洗脳することで、国民は独裁者の思惑に気づかなくなるのです。

既存の言葉を、本来の意味とその逆の意味の双方で同時に理解することで、政治的に正しい考え方を身に付ける、という文脈で登場するものですが、この概念を応用しましょう。

「苦痛」は「快楽」に包含され、「疲労」は「健康」に包含されると自分を洗脳すれば、つらい状態、疲れた状態が、楽しく充実した状態になります。

ちなみに、世の中には運動することが好きな人がいますが、この “double-think” を自動的に使っているのではないでしょうか。人によってはただの苦痛でしかない、体を動かすことが、「快楽」であると自分を洗脳することによって、不合理な疲労を受け入れられているのです。

伝説上の王が存在する確率

インターネット上であらゆる個人情報がやり取りされている今、特定の個人の実在性が疑わしくなるようなことはまずありません。数百年前ですら、一般庶民ならいざ知らず、ある程度知名度のある人は実在した証拠がいくつも残っているものです。

ところが、1000年以上では、事情は異なります。当人に関する歴史的証拠が少なく、さらに科学的な考え方が確立していないため、当人が実在していたとしても大いに脚色されている場合があります。それがもっともよく起こる場面は、宗教上の重要人物について語るときです。キリスト教におけるイエスや、仏教における釈迦は本当に存在し、本当に数々の奇跡を起こしたのか、誰も確かな証拠を持っていません。

「開祖」たちの実在性

このような「開祖」たちが実在したかどうか、本当のことは誰もわかりませんが、類似する事例はいくつか思い当たります。

一つは、いわゆる新興宗教の開祖です。多くの宗教では、開祖が何らかの「宗教的な体験」を経て悟りを開き、教えを説くに至ります。その「宗教的な体験」は往々にして科学的にはありえないような出来事を多くふくみますが、開祖本人はたいがい、間違いなく実在する人物です。すなわち、宗教が関係している場合、当人にまつわる逸話がどれほど疑わしかったとしても、当人の実在性とは独立であるということが言えます。

もう一つは、周囲の人々の見解です。人々に畏怖される立場の人は、生活の詳細までは明かしません。実態が明かされないからこそ、周囲の人々から過剰に神格化されたり誤った噂が広まったりすることがあります。

たとえば「ファウスト伝説」は、モデルとなったファウスト博士が存在すると言われています。しかし、錬金術の実験中に爆死するような人ですから、当然彼の噂には尾ひれ羽ひれがついていたことでしょう。

たとえば伝説上の王であるアーサー王のように、実在が疑われる人物も、伝説の元となった王は存在したのかもしれません。そうだとしても、本人にまつわるエピソードの数々が本当かどうかは、また別の問題です。

「実在した確率」は定量的に評価できる？

では、実在が不確実な歴史上の人物が、「実在した確率」を定量的に評価することはできるのでしょうか？

「確率」という概念は本来、偶然起こる事象の起こりやすさを定量化するものです。

つまり、「まったく同じ試行を複数回くり返せる」ような事象について定義できるものです。

そしてそれは、算数や数学の授業で出会う「実際に何度も何度も試行したときにどのような結果が得られるか」を基にして確率を算出する「頻度主義的確率」と、事象の確率が、実際の試行に先立ってア・プリオリ（先天的）に定義でき、試行によって追加の情報が得られると、その都度確率が更新される「ベイズ主義的確率」の２つに区別することができます。

さらに、これらの確率論の前段階として、「古典的な確率論」があります。たとえばサイコロであれば、理想的なサイコロ（つくりや投げ方にかかわらず、面の出方に偏りがないもの）のみを考え、目の出方が面数で等しく分配されると仮定します。

この過程が現実世界では成り立たないことを反映したものが頻度主義であり、さらに「頻度」ではうまく定義づけができないような事象にまで確率の概念を適用できるように解釈を改めたものがベイズ主義です。

頻度主義的確率

「実際に何度も何度も試行したときにどのような結果が得られるか」を基にして確率を算出する立場が、頻度主義的確率です。

たとえば、段ボール紙を貼り合わせてサイコロを自作し、それを投げる場合を考えると、サイコロは歪んでいるため1の目が出る確率は必ずしも1/6（古典的な確率論で期待される確率）にはなりません。

しかし、サイコロがそれ以上歪まず、同じ方法で何度もくり返し投げ続けることができると仮定すると、1の目が出た割合はある一定の値に収束していくことが期待されます（大数の法則）。

その収束していった先の値を、「1の目が出る確率」と決めれば、「段ボールで作ったサイコロで1の目が出る確率」が割り出せます。たとえ段ボール工作が得意でまったく歪みのないサイコロを作れたとしても、サイコロを振ってみる前に確率を割り出すことはできません。あくまで実際に試してみないと確率はわからず、ア・ポステリオリ（後天的）に決まるものだという立場です。

ただし、現実的には試行回数を無限回にすることはできないため、集計されたデータのばらつきから「算出された確率の確からしさ」を割り出します。

ベイズ主義的確率

一方の「ベイズ主義的確率」は、事象の確率が、実際の試行に先立ってア・プリオリに定義でき、試行によって追加の情報が得られると、そのつど確率が更新される、という立場です。

段ボールで作ったサイコロを振ったときに1の目が出る確率は、面が6つあるということ以外に何も情報がないため、1/6以外に定めようがありません（等確率の原理）。「1の目が出る確率」をpとして、実際にサイコロをn回振ったときに1がy回出る確率はnが増えるとともに、二項分布に従います。

$$L = nCyp\,\hat{}\,y(1-p)\,\hat{}\,(n-y)$$

二項分布とは独立した試行を複数回行った際、成功する回数の分布をあらわすものです。

観測されたnおよびy（追加情報）からpを推定していく（pを総当たりで試し、Lが最大になるようなpを見つける）ことで、pについての確率分布（どのpの値がどれくらい確からしいか）を得ることができ、それが「サイコロで1の目が出る確率と、それがどれくらい確からしいか」に相当します。

「アーサー王が存在した確率」を考える

頻度主義の立場では、「アーサー王が存在した確率」という概念は無意味です。

なぜなら、「アーサー王が存在する／しない」という事象は複数回試行して観測することが根本的に不可能だからです。一方ベイズ主義の立場では、「アーサー王が存在した確率」は意味を持つ概念となります。そして、それは「存在した」「存在しなかった」の二者択一であるため※、まったく情報がない段階では50％になります。

※ここでは議論を簡単にするためにこのように書きましたが、実際には二者択一とも限りません。たとえば、「本来の意味でのアーサー王は、後世の人が勝手に作り出した架空の王である。一方、アーサー王が生きていた時代に存在したとある権力者が、死後になって神格化されるようになり、その人物の記録が後のアーサー王の記録と混同された」ということが史実であったとすると、「アーサー王は（記録をたどっていくと特定の実在する人物にたどり着くので）存在した」「アーサー王は（王としての実態はなかったため）存在しなかった」のいずれも正しいことになります。また、たとえば「本来の意味でのアーサー王は確かに存在していたが、何らかの理由で当時の記録が失われてしまい、のちの人がその事実に気づかず勝手に架空のアーサー王を作り出して書物に残した」ことが史実であったとすると、「（人物としての）アーサー王は存在した」「（現代の書物に残されている）アーサー王は存在しなかった」のいずれも正しくなってしまいます。

ベイズ主義の立場で確率を考えてみる

ベイズ主義の立場では、少なくともア・プリオリな確率を定義することができるので、追加情報によってその確率を更新できれば、答えに近づけそうな気がします。

それでは、「追加情報」として何があれば良いのでしょうか。たとえば本人直筆の書物や本人の製作物、周囲の人間の残した証言や記録、墓から得られたDNAなどの科学的データなどがそれにあたります。

ベイズ主義の基本的な考え方は、いわゆる条件付き確率についての次の関係性がベースにあります。

今回のケースに当てはめれば、Yを「アーサー王が存在した確率」、Xを「アーサー王の存在に関する追加情報が正しい証拠である確率」としたときに、XからYを導けることになります。

事象Xが起こる確率　　事象Yが起こる確率

$$P(Y|X)\,P(X) = P(X|Y)\,P(Y)$$

事象Xが真のとき事象Yが起こる確率　　事象Yが真のとき事象Xが起こる確率

仮に、アーサー王の実在性に関わる状況証拠が一つだけあった場合、次の関係が成り立つことになります。

仮にアーサー王が実在した場合に状況証拠が正しい確率

$$P(Y|X) = \frac{(P(X|Y))}{(P(X))} P(Y)$$

状況証拠が捏造ではない場合にアーサー王が実在していた確率　状況証拠が正しい確率　アーサー王が実在した確率

$P(Y)$は、先の例で見た、ア・プリオリに割り当てる確率で、情報がない以上は50％にする以外ありません。$P(X|Y)$ は100％とするのが自然でしょう。

あとは$P(X)$さえ求めることができれば、「追加情報で更新されたあとの、アーサー王が実在した確率」$P(Y|X)$を算出することができます。

証拠が捏造ではない確率を推定する

しかし、肝心の$P(X)$が曲者です。証拠がねつ造か否かはどのようにして判断すればいいのでしょうか。

たとえば、最近の卑弥呼に関する発掘調査では、証拠になり得るものとして「顔料」が取り上げられました。同様に、仮にアーサー王の墓からある装飾品が見つかったとき、その装飾品が、アーサー王が実際に身に着けたものであるならば、アーサー王の実在の証拠になります。

「掘り出された装飾品がアーサー王の所有物であった」という事象をWとすると、次の関係によって「証拠がねつ造ではない確率」$P(X)$を推定できます。

仮に証拠が正しかった場合に
アーサー王の所有物である確率

$$P(X|W) = \frac{(P(W|Y))}{(P(W))} P(X)$$

装飾品がアーサー王の所有物のときその証拠がねつ造ではない確率

装飾品がアーサー王の所有物である確率

証拠がねつ造ではない確率

しかしここでも、$P(W)$の評価が再び問題になります。

このように証拠の証拠を順次たどっていき、最終的に確からしさが確立されている事象にたどり着けば、めぐりめぐってアーサー王の実在確率を評価できるかもしれません。

逆に、どのような証拠をたどってもどこかで答えにつまる場合は、最初のあてずっぽうの確率50%を更新することができないのです。

そしてまたまた、ここで$P(W)$の評価が再び問題に……。と、どのような証拠をたどって行っても、どこかで答えに窮してしまう場合は、最初の確率50%を更新することができず、「アーサー王が存在する確率」は50%を超えることも下回ることもできないという結論に至るようです。

物理好きなら知っておくべきjargon集

「物理学者などの科学者と話したら知らない単語ばかり使われて話が通じなかった」という経験はないでしょうか？
　その原因が、科学特有の物事の言い回し、いわゆるjargon（ジャーゴン）です。物理や科学にくわしくない方でも普段から使えるjargonを紹介していきましょう。

物理屋

　特に定義はありませんが、「物理を生業にしている人」ぐらいの意味でしょうか。
　2002年にノーベル物理学賞を受賞者した小柴昌俊（こしばまさとし）氏の自伝タイトルにも登場します（『物理屋になりたかったんだよ　ノーベル物理学賞への軌跡』）。

簡単のために

　自然科学関係者ならば、これのどこがjargonなのか疑問に思うほどでしょう。しかし、意外にも一般の人々からは不自然な表現と受け取られるようです。「簡単」は本来形容詞として使われるため、「軽いのために」「赤いのために」といった表現と同じくらい不自然に見えるのでしょうか。

この言葉は「状況を簡単にするために」という意味で使われますが、市場に出回る科学系書籍にも多く登場します。

この不自然な表現がなぜこれほど流布しているのか推測するに、英語の“for simplicity”の直訳に起因していると思われます。直訳では「簡単さのために」ですが、過去の訳者はなぜか「さ」が余計だと思ったのかもしれません。

一般に

日常表現の「一般的に」とほぼ同じ言葉なのに意味合いが少し異なる、やっかいなケースです。

科学的文脈で「一般」という言葉は、「余計な前提条件を課さない」ことを意味します。

「特殊相対性理論」は、「重力場が存在しない」という「特殊な条件」を課したうえでの相対性原理についての理論ですが、「一般相対性理論」はその条件も取り払ったうえでの、より適用範囲の広い理論です。

「一般」と「特殊」のどちらが上位の概念か、という着眼点で見ると、「特殊」はある特殊な条件下での話で、「一般」はそれもふくんだより広い範囲での話なので後者のほうが上位と考えるほうが適切でしょう。

ナイーヴには

あまりなじみのない概念について議論するときに、「直感的には」の意味合いで使われます。

直感というと論理的根拠のないイメージかもしれませんが、実際には“well-educated guess”、すなわち「基礎的な科学の知識を総動員して直感的に考えると」という意味であり、ある程度根拠のある理屈に基づくことが多いです。

サチる

これは日常で使う機会が限られますが、ぜひいろいろな場所で使ってほしい用語です。英語の“saturation”を動詞化したもので、「飽和する」という意味に対応します。

そもそも「飽和」自体がやや専門的な言葉ですが、「許容される限界値を超えてしまった状態」を指し、「光が眩しすぎて視界が真っ白になる」のような状態に対応します。

いかがでしょうか？　これらの言葉を使って、身近な物理屋や科学者と仲良くなってみましょう。

世の中にある本を すべて読もうとすると 何年かかる?

ゲーテの戯曲『ファウスト』の主人公ファウスト博士は、この世のすべての学問を究め尽くしてもなお、自分の知識欲を満たすことができず、悪魔にそそのかされて即物的な快楽に溺れていきました。書物の数や種類が限られていた当時ならまだしも、現代においてすべての学問を究め尽くすというのは、到底可能なことではないでしょう。

Googleの調べによれば※、2010年時点でこの世には約1億3千万冊の本が存在すると推定されています。

世の中には速読が得意で1日に数冊読める人もいるので、毎日5冊読んだとすると、

130,000,000冊÷(1日5冊)÷(1年365日)=7万年

つまり文学部学生のような生活を約7万年続ければ、この世のすべての本を読み切ることができることになります。

※Inside Google Booksより。
https://booksearch.blogspot.com/2010/08/books-of-world-stand-up-and-be-counted.html?m=1

毎日新しい本が出版されている

ところが、重要なことを忘れていました。世界では毎日のように、新しい本が出版されているのです。それもふくめてすべてを読み切らなければ、「この世の本をすべて読んだ」とは言えません。世界中のさまざまな出来事の統計を提供するWorldometerによれば、世界では年間約220万冊の本が出版されているそうです。平均すると1日あたり6027冊ですが、実際には1億3千万冊の「古い本」に加えて、どんどん生み出されていく新しい本も読んでいかなければならず、事情はより複雑です。

これを具体的に計算してみましょう。

B年生まれの人がいるとします（話を簡単にするため、ここではB年の1月1日生まれと仮定します。他の箇所についても、1月1日を基準として定義します）。

この人は1日当たりR冊のペースで本を読み続けることができるとしましょう。この世にある本の冊数は2010年時点では1億3千万冊で、年間220万冊ずつ増えているので、ある年Yにおいてこの世に存在する本の数

$P(Y)$は

$$P(Y)\text{冊} = 130{,}000{,}000\text{冊} + 2{,}200{,}000\text{冊} \times (Y - 2010\text{年})$$

で求められます。この驚異的な読書家は、生まれた時点ですでに$P(B)$冊の本を読まなければなりません。

さらに年間で新たに出版される220万冊も、毎年読破していくことが求められます。

当然、生まれた時点で$P(B)$冊を読み終えることは不可能なので、大量の本が読まれていないまま放置されていることになります。

未読の山がどう変化するか

このように「積ん読」状態で読めていない本がY年の時点で$Q(Y)$冊あるとします。したがって、$Q(B) = P(B)$が成り立ちます。

この未読の山が年とともにどう変化していくかをたどっていきます。

1日あたりR冊を読むことができるということは、グレゴリオ暦法での1年の平均日数365.2425≒365日をかけて、年間で$R \times 365$冊を読むことになります。

このペースで未読の山は減っていくということです。一方、1年当たり220万冊が出版され、言いかえれば微分係数$\frac{d}{dY}P(Y)$のペースで未読の山は膨らんでいきます。

これを式にすると次ページのようになります。dは微分係数（differential coefficient）の頭文字です。

$$\frac{d}{dY}Q(Y) = -R \times 365 + \frac{d}{dY}P(Y)$$

左辺（1年あたりの未読数の増減）　右辺第一項（読書量）　右辺第二項（出版量）

左辺は「1年当たりの未読の山の増減」、右辺第一項は「本を読んで未読の山を消費していくペース」、右辺第二項は「世界中で本が出版されて未読の山が膨らんでいくペース」をあらわしています。

ある年Yに、読書家が読まなければならない本の冊数は

$$Q(Y)\text{冊} = -R \times 365\text{冊} \times (Y - B\text{年}) + 2{,}200{,}000\text{冊} \times (Y - 2010\text{年}) + 130{,}000{,}000\text{冊}$$

ある年の未読数　読書量　現在進行形での出版量　生まれた時点での出版量

で求まります。

最新の本まで完全に読み切ったとき、$Q(Y)$ はゼロになります。したがって、

$$0 = -R \times 365\text{冊} \times (Y - B\text{年}) + 2{,}200{,}000\text{冊} \times (Y - 2010\text{年}) + 130{,}000{,}000\text{冊}$$

を満たすようなYの年に、本を読み切ることになります。

次の図は、１日何冊のペースで本を読めば、何年で読み切れるかを計算したグラフです。

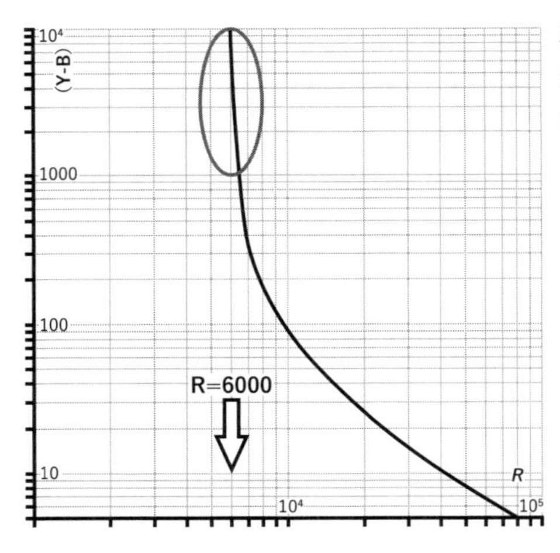

横軸が１日当たりの読書量R、縦軸が読み切る時点での年齢Y－B

グラフを右からたどっていくと、R=6000あたりで急峻に上昇していることがわかります。

すなわち、１日6000冊以下のペースで読むと、新しい本が出版されるペースに追いつくため、何年かかっても読み切れないことになってしまいます。

逆に、それよりも速いペースで読めば、有限の時間で最新の本まで追いつくことがわかります。たとえば1日1万冊のペースで読めば、およそ100年で最新の本まですべてを読み切ることができるということでしょう。

人が本を読むペースは一定とは限らない？

しかし、勘がいい人は、この答えだけでは納得しないでしょう。「人が本を読むペースは一生を通じて一定とは限らないのではないか」と気になる人もいるかもしれません。

またある人は、「本の出版数は、あくまで近年では年間220万冊であるだけで、時代によって変化するのではないか」と言うかもしれません。

まず前者を考察してみましょう。人が自力で本を読むようになるのは、だいたい5歳前後です。

そして高校生から大学生にかけての時期に、もっとも読書量が増えるものの、その後は生活が忙しくなり読書量は減っていきます。

また、年齢が上がり退職後は時間ができるため一時的に読書量が増えますが、視力の衰えとともにやはりペースは落ちていきます。これを図化してみましょう。

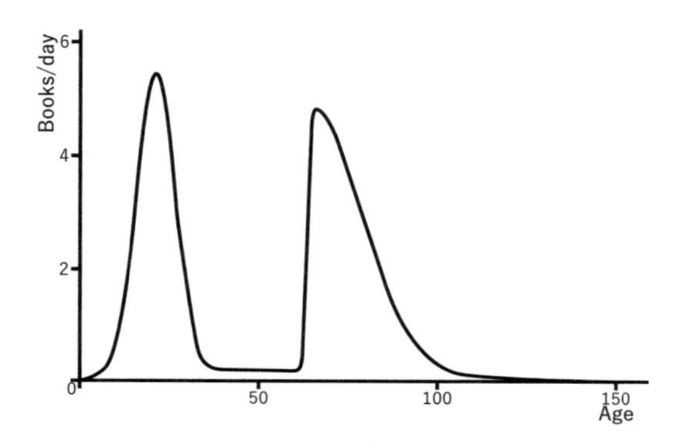

人間の一生における１日当たりの読書量の推移

「人間の一生において１日当たりの読書量がどう推移していくか」を関数であらわしてみます。数式の細かい中身は考えなくても大丈夫です。

$$R(y;R_O,a) = R_O \exp\left[-\frac{(y-20)^2}{50}\right] + \frac{1}{7}\exp\left[-\frac{(y-46)^2}{1000}\right]$$

第一項（幼少期の読書量）　第二項（社会人の読書量）

$$+\frac{R_O}{2}\{\tanh(y-60)+1\}\exp\left[-\frac{(y-60)^2}{a^2}\right]$$

第三項（老後の読書量）

exp は指数関数をあらわす exponential

第一項は、幼少期から20歳にかけて読書量が増えていき、ピーク時には１日当たり R_0 冊に到達したのちに、また減少していく様子をあらわしています。

第二項は、社会人になり、１週間に１冊しか本を読めない様子を、第三項は、定年退職後に読書量が増え、その後に体力の衰えとともに減っていく様子をあらわします（ピークの読書量も、若い頃より低いと想定しています）。

指数関数にふくまれるパラメータaは「余生の長さ」をあらわしています。これも図示してみましょう。

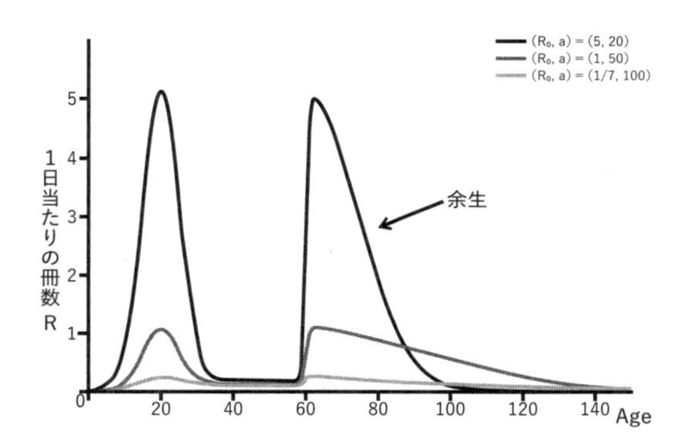

本を1日当たり5冊読む能力を持ち、定年退職後20年間余生を謳歌した人の1日当たりの読書量Rの推移（黒線）。同様に真ん中の濃いグレー線（薄いグレー線）は1日当たり1（1/7）冊読み、余生が50（100）年の人物の読書量Rの推移

本の出版数は、時代によって変化する？

次に、ある年Yにおけるこの世に存在する本の数 $P(Y)$ についても考察してみます。

一般に、紙の書籍はどんどん減っていると言われていますが、本そのものは電子媒体でも配信されるようになり、必ずしも減っているとは言い切れません。むしろ、より簡単に本を世に出すことができるようになり、1年当たりの出版数は今後増えることも考えられます。

しかし、単純に1年当たりの出版数が増え続けると仮定してしまうと、何年かかっても読み切れない、という結論になってしまいます。

ここでは恣意的に、1年当たりの出版数がある値 $\frac{d}{dY}P(Y)\infty$ に漸近(ぜんきん)していく（だんだん近づいていく）と仮定しましょう。

すると、こんな式になります。Yが小さいときは指数関数の中身が上がり、指数関数の中身が－無限大になるとP∞になります。

$$\frac{d}{dY}P(Y)=\left.\frac{d}{dY}P(Y)\right|_{Y=\infty}\times\left[1-\exp\left(-\frac{Y}{b}\right)\right]$$

ある年の出版数　1年当たりの出版数が飽和したときの値　1年当たりの出版数が飽和する年

2010年時点では$P(Y)$が1億3千万冊かつ1年あたりの出版数 $\frac{d}{dY}P(Y)$ が220万冊／年であったことから、2010年を代入し、

$$\left.\frac{d}{dY}P(Y)\right|_{Y=2010}=\left.\frac{d}{dY}P(Y)\right|_{Y=\infty}\times\left[1-\exp\left(-\frac{Y}{b}\right)\right]$$

すなわち、

$$\frac{d}{dY}P(Y) = 2{,}200{,}000 \times \frac{1-\exp\left(-\frac{Y}{b}\right)}{1-\exp\left(-\frac{2010}{b}\right)}$$

と書くことができます。

さて、準備が整いました。改めて、解くべきものは次の方程式です。

$$\frac{d}{dY}Q(Y) = -R(Y-B)\times 365 + \frac{d}{dY}P(Y)$$

この未読冊数$Q(Y)$がゼロになるようなYを求めれば、$Y-B$が必要な寿命である、ということになります。

最大読書量R_0、余生aおよび本の出版数が飽和する年bという、３つの変数があります。

ここでは、誕生年は$B=1995$年、$R_0=5$、$b=2050$を仮定し、aは充分長い年数を選ぶことにします。

必要な値がすべてそろい、計算した結果が下記のグラフです。

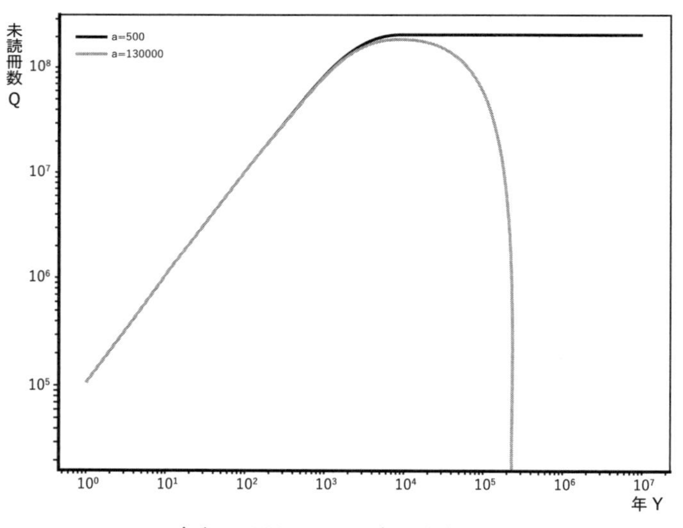

余生a＝500、130000年のときの、
それぞれの本の未読冊数Q

余生 a が500年くらい、すなわち寿命が560年程度だとすると、黒色の線のように未読冊数を減らせないまま寿命が尽きてしまいます。一方、寿命が13万年あれば、灰色の線のように最新の本に追いつくことができます。

つまり、いまわれわれが生きている2000年前後の時点では、それまでに出版された本があまりにも多いため（1億3千冊）、もはや今後新しく出版される本（年間220万冊）の影響は小さいということがわかりました。

ゲーテの戯曲『ファウスト』では、ファウスト博士は悪魔との契約で散々な目に遭った結果、社会や人のために生きることに喜びを見出すことになります。

たとえ悪魔と契約して10万年以上の寿命を得てすべての本を読み切ったとしても、きっと人間の知識欲はファウスト博士のように消えることはないのでしょう。

死とはなにか

翔太[※1]　ぼくも、いつかは死んじゃうのかな？

インサイト　そりゃあ、生きている限りはそうだろうね。

翔　死って結局何なんだろう？　死んだあとの人ってどうなっちゃうのかな？

イ　「死」という言葉は、体の機能が停止したときに使われるよね。

翔　たしかに体が死んだらその人は死んだことになるだろうけど、僕らはその人のことを瞬時に忘れるわけでもないし、その人の自我意識もぷっつりと停止してしまうのかどうかわからないよね。

イ　つまり、人というものは体・心・社会的存在、の三つによって成り立っているという考えなわけだね。

翔　そうだよ、それが普通じゃないの？

イ　じゃあ、こう考えてみよう。体はいろいろな細胞やら生体分子やらでできていて、それらの化学的な性質に従って機能しているだけだ。長年生きていくと、酸化やら何やら、化学反応によって機能は衰えていって、やがて動きを止める。これが体の死だ。

翔　そうだね。

イ　ところが、人の心も人に内在するものだから、きっと体と同様に物質とその相互作用に還元できるはずだ。ひいては、その人とかかわりを持つ他者も同じ作りだから、やっぱりすべては物質に還元できる。人の心はその体の死と同時に死ぬし、社会的存在はそのかかわりを持った人たちが全員死んだら死ぬ。

翔　科学者だったらたしかにそう考えそうだけど、それは人間味のない乱暴な考え方だと思うな。やっぱり死んだ人の魂は残るし、その人にまつわる記憶はいろいろな人の中で生き残ると思いたいけど……。

イ　その気持ちもわかるよ。そうなると学問ではなく宗教になるけどね。いろいろな思想や芸術は、人間が死から逃れられないというジレンマから生み出されてきたわけだし、むしろ人間の本能に近い考え方だろうね。

翔　そもそも、なんで死をみんな忌み嫌うんだろう。

イ　人それぞれだろうけど、死そのものというよりも、その直前の苦痛とか、いつ訪れるかわからないというのが怖いんじゃないかな。音楽家が「舞台上で死ねたら本望」とか言うけど、自分の死のタイミングや条件を選べたら価値観は違っていたかもしれないよね。

翔　自分の寿命ってやっぱり事前にはわからないのかな。

イ　そういう研究もあるかもしれないけど、体は複雑だから、なかなか難しいだろうね。放射性崩壊とかだったらシンプルだけど。

翔　放射性崩壊？　放射線？

イ　原子核は生き物と違って、個性も持たないし記憶も持たない。ただ一瞬一瞬、ある一定の「崩壊する確率」を持っているだけだ。そうすると、同じ種類の原子核をたくさん集めておくと、崩壊が起こる頻度は原子核の個数に比例する。
人間の場合は、生まれつきの体の強さ弱さ、けがや病気、さらには老化による身体機能低下といったプロセスがあるから、統計的な振る舞いが全然違うんだ。

翔　人の死には、その個性や歴史が刻まれているということかな。ぼくも恥ずかしくない死を迎えたいな。

イ　そう？　ぼくは別に、今この瞬間が楽しければ、あとはどうでもいいと思ってるけどね。

翔　原子核と一緒じゃん！

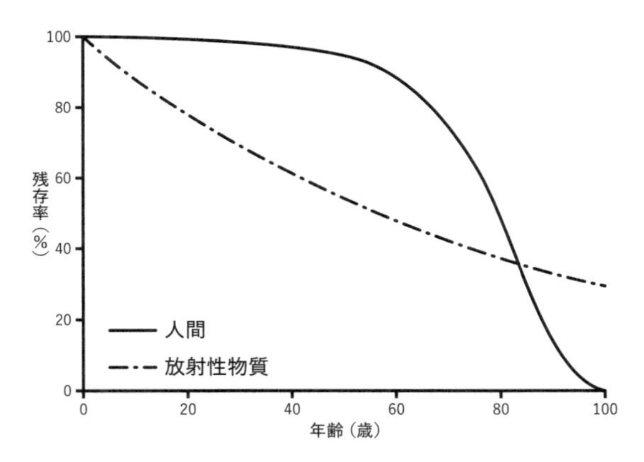

人間の各年齢における生存率と、その平均寿命と同じ寿命を持つ放射性物質が各時刻において残留している割合※2

※1　かの哲学名著『翔太と猫のインサイトの夏休み——哲学的諸問題へのいざない』（永井均／筑摩書房）をオマージュしている。

※2　人間の生存率は厚生労働省が公表している平成22年のデータを用い、「100歳以上」は100歳から104歳までと見なした。また、「平均寿命」は単純化するためもっとも死者数が多い年齢（80歳程度）で定義した。

おわりに

生涯に一度は「おわりに」なるものを書いてみたいと思っていました。

かつて自分が愛読してきた本たちはいずれも、世の中や人生の真理を説き、かつて誰も思いつかなかったストーリー展開で人間の心の機微を描き出し、ピアノがうまくなる方法を教えてくれました。

成果や作品を世に問うということは、それを弁護（defend）しなければならないということです。博士論文の審査会も英語ではdefenseと呼ばれます。

本書には弁護の余地も弁解の余地もありませんので、平身低頭、ただ読者の皆様に評価をゆだねるのみです。

本書を楽しんでくださった方には感謝の言葉しかありません。万が一、私の不徳の致すところであまり楽しめなかったとしても、物理のことはぜひ嫌いにならないでください。

なお、本文中の言説はすべて私個人の見解であり、特定の組織や団体、ひいては物理学者共通の見解でもないことを申し添えます。

本書の内容に関して特定の団体や私以外の研究者個人に問い合わせることは固くお断りいたします。

本書の裏テーマは、29歳という、研究者の卵である年齢の筆者が、今の視点で物理のあれこれを語るというものです。

かつてこんなテーマの本があったでしょうか。このような無謀な挑戦を提案してくださった編集の森岡さん、並びに二見書房の皆様や帯の言葉を下さった絹田村子先生、関係者の皆様に深く感謝申し上げます。

最後に、僭越ながら将来の夢を述べて本書を締めくくりたいと思います。

将来は、海と山が見える港町の家で、少しずつ灯りはじめた工場のライトを夕陽が照らすさまを眺めつつ、紅茶を飲みながらグランドピアノでシューベルトを弾く、そんな暮らしがしたいです。

2024年11月　小澤直也

画像提供（p.86,87,89,90）

画像

p.21　国立国会図書館デジタルアーカイブ
p.85　Tomruen（CC BY-SA 4.0）

参考文献

p.84　https://mathandart.com/blog/escher_and_tessellations/
p.138 https://toyokeizai.net/articles/-/161721
p.179 https://business.nikkei.com/atcl/seminar/19/00059/061400036/

図版参考文献

p.12　https://astro-dic.jp/nuclear-chart/の図を元に作成
pp.18〜19　国土交通省近畿地方整備局HP
https://www.kkr.mlit.go.jp/plan/biwayodosaisei/common/pdf/guidemap02-2.pdfの画像を元に作成
p.71　https://www.iri-tokyo.jp/uploaded/attachment/2424.pdfの図を元に作成
p.97図2　JR中央快速線、中央・総武緩行線の路線図を元に作成

小澤直也（おざわ・なおや）

1995年生まれ。博士（理学）。
東京大学理学部物理学科卒業、東京大学大学院理学系研究科物理学専攻博士課程修了。
専門は「現代の錬金術」である原子核実験・加速器を用いた基礎物理。東京大学原子核科学研究センター（CNS）にて、対称性の破れを研究。現在も、とある研究室で研究を続ける。

７歳よりピアノを習い始め、現在も趣味として継続中。主にクラシック（古典派）や現代曲に興味があり、最近は作曲にも取り組む。

ブックデザイン・組版　平塚兼右（PiDEZA Inc.）
図版　みの理
校正　渡辺貴之

美しい物理の小宇宙
29歳の東大理学博士が語る、日常の世界から原子核まで29の物語

2024年12月25日　初版発行

著者　小澤直也
発行所　株式会社二見書房
東京都千代田区神田三崎町2-18-11
電話 03（3515）2311［営業］
振替 00170-4-2639
印刷　株式会社 堀内印刷所
製本　株式会社 村上製本所

落丁・乱丁本はお取り替えいたします。
定価はカバーに表示してあります。

ISBN978-4-576-24111-1
https://www.futami.co.jp/